소나무재선충병
그린가드로 예방하십시오!

그린가드 액제

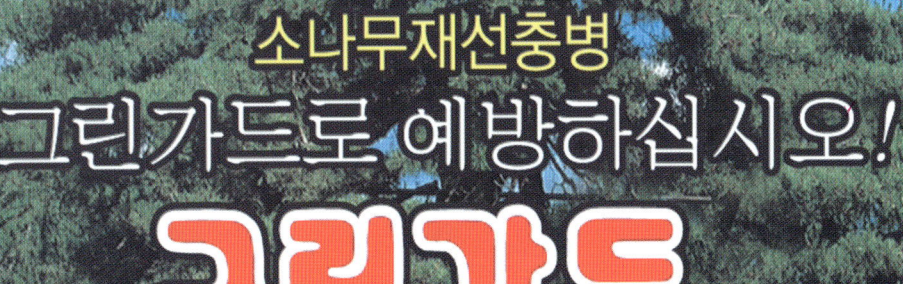
▲ 그린가드 수간주입

▲ 소나무재선충
▲ 매개충(솔수염하늘소)

[사용약량]

흉고직경(cm)	사용약량(ml)
6~10	110
10~15	220
15~20	330
20~25	440~660
25~30	660~880
30~35	880~1,100
35~40	1,100~1,320
40 이상	5cm 증가시마다 110~330ml를 증량

[사용적기]

지역	11	12	1	2	3	4	5	6	7	8	9	10월
제주, 경남, 전남(해안지역)	11월부터 2월 하순까지							솔수염 하늘소 휴식기				
경남, 전남(내륙), 경북, 전북지역	11월부터 3월 중순까지							솔수염 하늘소 휴식기			

자연을 소중하게 농촌을 풍요롭게 —

성보화학주식회사
서울시 중구 소공동 112-35 Tel:(02)753-2721

※ 사용전에 라벨을 잘 읽으시고, 라벨 표기사항 이외에는 사용하지 말며, 농약을 어린이 손이 닿는 곳에 놓거나 보관하지 마십시오.

하자율 0%에 도전합니다

GUARDS AGAINST MOISTURE LOSS YEAR 'ROUND

THE SAFE WAY TO REDUCE MOISTURE LOSS WHEN PLANTS ARE UNDER STRESS DUE TO WINTER KILL · WINDBURN · TRANSPLANT SHOCK · DROUGHT

WILT PRUF®

PLANT PROTECTOR — **CONCENTRATE**

신개념의 증산억제제
월트-푸르프

COMMUNE WITH NATURE
KOB TECH
www.kobtech.net

MADE IN ENGLAND

하자율 0%에 도전합니다.

뿌리활력

이식 · 정식 및 고온 · 저온기 생육촉진

Root-K

천연 싸이토키닌, 옥신, 지베렐린 다량함유

60년 전통의 영국 SOLUFEED사에서 직수입된 ROOT-K는 천연해조추출물로 수목/잔디의 이식시 스트레스 방지 및 빠른 뿌리활착에 도움을 주는 천연물질이다.

KOB TECH (주)코비텍 www.kobtech.net 헌인능 매장 : 서울시 강남구 내곡동 1-853번지 TEL : 02-445-6829 FAX : 02-445-6893

■ 특허등록 제 0424083호

2009 안면도 국제꽃박람회
KOREA FLORITOPIA 2009
2009 안면도 국제꽃박람회
친환경비료 공식협찬업체

그루팍골드®의 효과

- 푸사리움 병원균 발생 방지
- 뿌리 썩음 병 예방
- 병해선충 예방
- 연작장해 방지
- 식물뿌리 생육효과

그루팍골드® 1L

■ **그루팍골드®**
- 토양속 병해균 예방
- 식물뿌리 생육
- 연작장해 및 뿌리 썩음병 예방

■ **사용방법**
● 본제 1L에 물 5말(100L) 희석사용
● 소나무, 조경수 이식때 사용하면 효과적입니다.

품질경영시스템인증
ISO 9001 : 2000
KSA 9001 : 2001

환경경영시스템인증
ISO 14001 : 2004
KSA14001 : 2004

HW 홍원바이오아그로®
www.hwbiovital.com

충남 금산군 추부면 비례리 156-3 / 소비자상담 : 080-942-3000 / 대표전화 : (041) 753-7177

www.hwbiovital.com

■ 소나무 이식

■ 골프장 조성

■ 정원수 이식

⇒ 2년 경과

www.cna21.com

(주)가나안소나무(유통전문기업)
(주)가나안조경건설(건설전문기업)

조경건설 • 골프장 건설부분에 최고의 품질만을 제공 합니다.

가나안소나무가 대한민국조경을 대표합니다.

T. 02)2155-1667

서울사무소 : 서울시 서초구 양재동 215 하이브랜드 1318호

◆ 주요실적

청와대 소나무 식재공사	해비치C.C 조경공사
여주티치랜드C.C 조경공사	SK텔레콤 본사 신축 조경공사
삼성 세븐힐스C.C 조경공사	LG 곤지암C.C 소나무납품
수원역 우회도로개설 조경공사	

칼라판

소나무

관리도감

김경희 박형순 이수원 최광식 최명섭

한국농업정보연구원

발 간 사

 21세기 글로벌시대를 맞이하여 각분야별로 세세한 기초과학이 튼튼히 자리잡은 나라가 어려운 국가경쟁력을 뚫고 존재해 나갈수 있을것입니다. 저희 농업정보연구원에서는 이러한 시대적요청에 발맞추기 위해 원예와 조경분야에서 미력하나마 하나의 획을 긋고자 합니다.

2005년부터 원예분야에서 단일작물로 칼라도감을 출판하기 시작했고 2006년 하반기 드디어 조경분야에서도 단일수목 출판을 기획하게되었습니다. 1차로 소나무관리도감을 출간하게 되었는데, 우리나라 산림의 70%를 차지할만큼 그 쓰임새도 다양하고 폭넓게 쓰여지는 소나무, 어찌보면 당연히 많은 자료가 나왔을것으로 생각되나 실제 찾아보면 찾기 어려운점도 많았을것입니다.

 이에 저희 농업정보연구원에서는 국내 유수한 전문가들을 모시고 소나무의 모든 자료를 모아 소나무의 형태,특성,양묘,관리,전정,접목,병충해방제등 초보자부터 전문인에 이르기까지 폭넓게 사용 할 수 있는 도감을 출간하게 된것입니다. 부디 저희 도감이 소나무관련인들에게 참고자료로 유용하게 사용되어지길 진심으로 바랍니다.

 앞으로 저희 농업정보연구원에서는 조경분야에 꼭필요한 자료들을 출판할 것을 약속드립니다.

 아울러 바쁘신와중에도 집필하시느라 고생하셨던 저자분들께 심심한 감사의 뜻을 전합니다.

2006년 12월
한국농업정보연구원
대표 徐 章 源 배상

목 차

제1장 소나무의 특성

1. 소나무의 형태 및 특성 ·· 19
   (1) 형태 및 구조 ·· 21
      가. 꽃 ·· 21
      나. 구과(열매)와 종자 ··· 22
      다. 잎 ·· 24
      라. 줄기 ··· 26
      마. 뿌리 ··· 26
   (2) 분류 ··· 27
      1) 소나무과(Pinaceae) ··· 27
      2) 소나무속(Pinus Linn.) ··· 29
         가. 소나무속의 분류기준 ··· 30
         나. 품종 및 변종 ·· 32
         다. 지역형 ·· 44

2. 소나무림의 생태 ·· 48
   (1) 고생태 ·· 48
      가. 지질시대로 본 소나무의 분포 ··· 48
      나. 소나무의 시·공간적 분포역 복원 ······································· 51
   (2) 분포 ·· 52
      가. 수평적 분포 ·· 52
      나. 수직적 분포 ·· 53

(3) 입지 및 토양 ·· 54
　가. 지역형과 산림토양군과의 관계 ··· 54
　나. 입지환경인자와 소나무림의 생육상태 ······································ 55
　다. 소나무림의 토양 특성 ··· 56
　라. 입지·토양과 생장 ··· 57
　마. 토양관리 ·· 58
(4) 동태(動態) ··· 59
　가. 산림동태(Forest dynamics) ··· 59
　나. 산림동태 측면에서 본 소나무의 생태적 특성 ········· 60
　다. 소나무림의 동태 ··· 61

제2장 소나무 양묘기술

1. 종자생산 ·· 67
　가. 종자생산원 ·· 67
　나. 종자채취 ·· 68
　다. 탈종 및 정선 ·· 70
　라. 종자의 저장 ··· 74
　마. 종자의 발아촉진법 ·· 76
2. 묘목생산 ·· 79
　가. 묘포장소 신징 ·· 79
　나. 묘포구획 ·· 79
　다. 묘상의 설치 ··· 81

라. 파종 ································ 83
　　마. 이식 ································ 88
　　바. 굴취 ································ 88
　　사. 묘목관리 ························· 90
　3. 시설양묘 ····························· 99
　　가. 시설양묘의 배경 ················ 99
　　나. 시설 온실설치 ················· 100
　　다. 육묘자재 ························ 107
　　라. 시설양묘사업 ·················· 112
　　마. 용기묘 운반 및 식재 ········· 119

제3장 소나무 수형만들기

1. 소나무 수형의 종류 및 해설 ········ 126
　1) 수형의 종류 ························ 126
　2) 수형해설 ···························· 128
　3) 수관 모양에 따른 수형 ·········· 136
2. 수형만들기 ···························· 146
　1) 정지전정의 의미 및 목적 ······· 146
　2) 정지전정의 시기 및 종류 ······· 148
　3) 정지전정의 방법 및 유형 ······· 150
　4) 전정할 때 고려해야 할 원칙 ··· 156
3. 수형만들기 ···························· 159

1) 가지치기 ……………………………………… 159
   2) 적아와 적심 …………………………………… 161
   3) 가지유인 ……………………………………… 162
   4) 수형만들어 가꾸기 …………………………… 165
4. 수형관리 …………………………………………… 173
   1) 신초따기 ……………………………………… 173
   2) 순따기 ………………………………………… 177
5. 접목번식 …………………………………………… 190
   1) 목적 …………………………………………… 190
   2) 접목의 장단점 ………………………………… 191
   3) 접목의 방법 …………………………………… 192
   4) 접목 시기 ……………………………………… 192
   5) 접목과정 ……………………………………… 193
6. 사후관리 …………………………………………… 199

제4장 병해방제

1. 소나무재선충병 …………………………………… 210
2. 갈색무늬병 ………………………………………… 215
3. 잎녹병 ……………………………………………… 218
4. 그을음잎마름병 …………………………………… 221
5. 가지끝마름병 ……………………………………… 223
6. 잎떨림병 …………………………………………… 227

7. 피목가지마름병 ……………………………………… 231
8. 흑병 ………………………………………………… 235
9. 푸사리움가지마름병 ………………………………… 239
10. 리지나뿌리썩음병 ………………………………… 243
11. 모잘록병 …………………………………………… 247
12. 홀몬형이행성 제초제에 의한 피해 ……………… 250
13. 소나무 병해의 진단 및 간이검색표 ……………… 254

제5장 충해방제

1. 솔잎혹파리 ………………………………………… 261
2. 솔껍질깍지벌레 …………………………………… 267
3. 솔나방 ……………………………………………… 272
4. 소나무순나방 ……………………………………… 276
5. 큰솔알락명나방 …………………………………… 279
6. 솔박각시 …………………………………………… 282
7. 솔잎벌 ……………………………………………… 285
8. 누런솔잎벌 ………………………………………… 288
9. 솔수염하늘소 ……………………………………… 291
10. 북방수염하늘소 …………………………………… 296
11. 소나무거품벌레 …………………………………… 299
12. 소나무가루깍지벌레 ……………………………… 302
13. 소나무굴깍지벌레 ………………………………… 305

14. 소나무솜벌레 ··· 307
15. 소나무왕진딧물 ·· 310
16. 소나무좀 ·· 313
17. 왕바구미 ·· 318
18. 노랑소나무점바구미 ···································· 320

제6장 유용한 자료들

1. 소나무 병해충방제 약제 (2006년 12월 기준) ············· 327
2. 소나무에 유용한 비료, 조경업체 ················· 331
3. 아름다운 수형모음 ·· 334
4. 찾아보기 ·· 359

제1장
소나무의 특성

제1장 소나무의 특성

1. 소나무의 형태 및 특성

 소나무는 상록교목으로 수간은 곧거나 구부러지며 높이가 30~35m, 흉고직경 1.8m(보통 0.6m)달하며, 뿌리는 깊이 들어가고, 수형이 지방에 따라 다르다. 수피는 윗부분이 적갈색 또는 흑갈색이며 밑으로 갈수록 검고, 어린 나무는 옅은 색을 띠나 노목(老木)은 짙은 색을 띠게 되어 줄기의 기부쪽으로는 거북이 등 모양으로 심하게 균열이 생기며 다소 검은색을 띤다. 가지는 윤생하나 노목에서는 명확하게 구분이 되

지 않아 수평 또는 다소 아래쪽을 향한 굵은 가지가 된다. 겨울눈은 약간 달걀 모양의 원통형으로 뒤로 젖혀진 적갈색 인편에 쌓여 있다. 잎은 짧은 가지에 2개씩 속생(束生)하고 8~12㎝ 기부에 엽초가 있다. 잎의 횡단면은 반원형으로 가장자리에는 미세한 거치가 있다. 유관속은 중앙부에 2개, 수지구는 표피 안쪽과 접하여 3~9개가 있다. 자웅동주이며 수꽃은 타원형으로 보통 새 가지의 하부에 여러 개가 피고 원통형으로 옅은 녹황색을 띤다. 자화서(雌花序)는 통상 새 가지에 정생(頂生)한다.

소나무는 풍매화로 수정한다. 암꽃은 여러 개의 인편을 가지고 있으며 각 인편은 종린(種鱗)과 포린(苞鱗)으로 나누어져 있다. 종린의 윗면에는 2개씩의 배주공(胚珠孔)에서 액을 분비해 화분을 포착하면 액은 건조해져 배주내부로 다시 들

어가기 때문에 화분은 자동적으로 배주공 내부로 들어간다. 이렇게 해서 수분은 끝나지만 수분이 되어도 바로 수정은 하지 않는다. 수분이 끝난 이듬해 화분은 발아해서 화분관을 뻗어 배주 내부에 2개의 웅핵을 보내는데 그 중 1개가 주심(珠心)속의 난핵과 결합하여 수정을 한다. 수정은 보통 6월경에 이루어진다.

1) 형태 및 구조
가. 꽃

꽃은 대개 암 수 따로 피는 자웅이가화이나 자웅일가화인 것도 있다.

 꽃은 4~5월에 핀다. 수꽃은 길이 1㎝ 내외로 장타원형이며 황색으로서 보통 20~30개인데 많은 것은 90개씩 새 가지의 밑부분에 모여 달리며 각 인편에 2개의 녹갈색 꽃밥이 달리며, 암꽃은 2~3개가 새 가지 끝에 돌려나고 간혹 60여 개가 달리기도 하며 난형으로서 길이가 6mm이고 인편이 원형이다.

 솔방울은 난형으로서 길이 4.5cm, 지름 3cm이며 황갈색이고 실편은 70~100개이며 편평하거나 약간 두껍다.

나. 구과(열매)와 종자

(1) 구과

 구과는 아주 짧은 자루를 가진 원추모양의 달걀형으로 길이

3~5㎝, 직경 2.5~3.5㎝이며 종린(種鱗)은 여러 개로 쐐기 모양에 가깝다.

(2) 종자

 종자는 각 실편에 2개씩 들어 있으며 도란형(倒卵形) 마름모꼴로 회갈색 또는 흑갈색이며 길이 5~6mm, 나비 3mm 이다. 날개는 피침형이며 연한 갈색이지만 흔히 세로로 흑갈색 줄이 있고 대개 중앙부가 제일 넓으며 길이 1.5cm, 나비 2mm 이다. 꽃은 5월에 개화하여 이듬해 9월 말에 숙성한다. 종자의 입수(粒數)는 크기에 따라 다르나 1kg(약 2ℓ)당 소립종자(小粒種子)는 141,000개, 대립종자(大粒種子)는 79,000개로 평균 107,800개이다. 소나무 천연림 36집단에 대한 종자의 형태적 특성을 조사한 바 실중은 10.86kg이었고 종자길이는 4.5㎜이었으며 종자두께는 2.2㎜이었다. 종자의 날개는 길이가 2.2㎜이었고 날개폭은 4.9㎜이었다. 발아율은 80%이다.

(3) 종자의 발육과 낙과

 형태적으로 수분된 암꽃은 이듬해 봄까지는 유구과(幼毬果) 단계로 외형적인 변화는 크게 없으나 신초 생장을 거의 마치는 6월말부터 구과의 체적이 급격히 증대하여 8월에는 거의 부피생장은 끝나며 구과내의 수분함량이 80%대에서 50%로 내려오다 9월 중순 구과가 갈변하면서 진행 정도에 따라 함수율은 다시 30%대까지 떨어진다.

 화분 공급이 부족하면 수정률이 낮아 배의 발육이 안되며 이런 임분에서 수확된 종자는 발아율도 떨어진다. 일단 수분이 이루어진 유구과의 수정된 구과도 발육하는 과정에서 영양상태에 따라 생리적 낙과가 나타나며 특히 생물적인 피해로 인하여 구과 생산량이 감소한다. 낙과율은 일반적으로 개화 후 1개월 이내에 15%로 가장 많으며 점차 완만하게 감소하여 9월 수확기까지 암꽃 개화수의 43%가 낙과된다.

다. 잎

 소나무류의 잎은 바늘과 닮았다 하여 침엽(針葉, needle leaf)이라고 표현한다. 성숙한 소나무의 잎은 대부분 2개씩 속생하며 비틀린다. 개체에 따라서는 3~5개도 달린다. 길이는 8~14㎝, 넓이는 1~1.5㎝내외로서 밑부분이 연한 갈색의 아린(芽鱗)으로 싸여있다. 대부분의 잎은 2년 후에 떨어지며 일부는 3년까지 붙어 있다. 침엽의 수명은 주축성의 가지는 곁가지보다, 윗가지는 아래가지보다 그 위에 나는 침엽의 수명이 더 길다. 침엽은 다른 소나무류 수종에 비하여 부드럽다. 소나무의 자엽수는 4~9개이다.

 침엽에는 기공이 발달되어 있는데 기공열(氣孔列)은 산지나 입지환경조건 등에 따라 많은 차이를 보이며 건조한 지역에서는 수평면(잎의 표면)에 4내지 7줄, 수분이 양호한 지역에서는 7내지 13줄에 이른다. 침엽에는 거치(톱니)가 잘 발달해 있다. 잘 발달된 침엽의 중간부위 1㎝의 거치 평균 수를 보면 주왕산 소나무가 53, 안면도 소나무가 67, 오대산 소나무가 62로 나타나 지역간 차이가 있었다. 엽초를 제거하고 한쌍의 침엽을 갈라보면 그 사이에 미세한 돌기가 있는데 이것을 사이눈(間芽)이라 한다. 이들은 휴면상태로 남아 있으나 새순이 절단되면 사이눈이 자라서 새순을 만든다.

 소나무 잎을 가로로 잘랐을 때 내부구조는 바깥쪽에 외피가 있고 외피 아래에 표피가 있다. 그 아래 엽육세포 조직이 있고 한 줄로 된 큰 세포의 내피조직이 있다. 내피 안쪽에 두 개의 덩어리 같은 것이 있는데 이것이 유관속이다. 곡선면 쪽의 유관속 부분이 사부(篩部)이고 직선면 쪽의 유관속 부분이 목부(木部)이다. 수지구(樹脂溝)는 양쪽 모서리 부근에 있는 두 개의 주수지구와 그렇지 않은 곳에 있는 부수지구가 있다.

따라서 소나무는 수지구 위치를 외위(外位), 해송은 수지구가 소나무에 비하여 내부에 위치하므로 내위(內位)로 말한다. 수지구는 대개 7, 8개 내에 있으나 개체에 따라 다소 변이가 있다.

소나무의 눈은 적갈색을 띠고 많은 포엽(苞葉)에 싸여 있다. 포엽은 피침형으로 끝이 날카롭고 길게 연장되며 양쪽 가장자리에는 반투명의 납작한 연한 털이 있다.

라. 줄기

수간의 형태는 지역에 따라 통직한 것부터 기형적으로 굴곡이 있는 것에 이르기까지 다양하게 나타나고 있다. 수피의 색깔은 윗부분은 보통 적갈색을 보이며 오래된 수피는 흑갈색을 나타낸다.

마. 뿌리

수목의 뿌리발달은 수종별 입지환경 조건에 따라 다양하게 발달한다. 소나무의 뿌리조직은 1년생 뿌리 횡단면에 있어서 3원형(原型)이다. 소나무는 어린 묘목 때부터 주근(主根)이 발달하고 가는 뿌리는 지표부에서 많이 발달한다. 어린 나무는 뿌리목 근처에서 몇 개의 수하근(垂下根)이 발달하고 지표면에 따라 나아가는 수평근을 관찰할 수 있다. 이때 주근이 절단되어도 새로운 부정근(不定根)이 자라서 주근을 대신하게 된다. 성숙목의 뿌리 색깔은 적갈색이고 껍질이 얇으며 작은 비늘조각처럼 떨어져 나간다. 일반적으로 뿌리목 부근 그리고 곁뿌리의 아래쪽에 굵은 수하근이 발달한다. 소나무는 주근과 수하근이 깊숙이 들어가는 심근성을 보인다. 토양이 좋은 곳에서는 5, 6m 깊이까지도 자란다. 암반노출지나 토심이 얇은 지역에서도 흙을 찾아 상당히 깊이 뻗는다.

2) 분류

1) 소나무과 (Pinaceae)

구과목 중에서 가장 큰 과(科)임과 동시에 경제적으로 가장 중요한 식물군으로서 대부분이 교목이지만 관목도 있다.

가지는 윤생, 대생 또는 호생하고 짧은 가지가 있는 것도 있으며, 잎은 선형으로서 호생(互生), 총생(叢生)하고 속생(束生)하고 상록성(常綠性) 이지만 떨어지는 것도 있다.

꽃은 일가화(一家花)로서 소아포엽(小芽胞葉 microsporophyll)은 솔방울처럼 모여 달리고 각 2~6개씩의 꽃밥이 뒷면 밑부분에 달려 있다. 대아포엽(大芽胞葉 megasporophyll)도 화축에 모여 솔방울과 같이 되면 표면 밑부분에 2개의 도생배주(倒生胚珠)가 있고, 뒤에 1개의 포(苞)가 있다.

솔방울은 목질(木質)로 되어 종자가 성숙할 때까지 벌어지지 않는다. 젓나무속을 제외한 다른 (實片)은 떨어지지 않고 종자에 날개가 있으며 배에 2~15개의 자엽(子葉)이 있다.

 소나무아과(亞科 Pinoideae)와 젓나무아과(亞科 Abietinoideae)로 구분하며, 전자는 소나무속, 나머지 속은 후자에 넣는다. 그러나, 소나무과와 젓나무과로 각각 독립시키는 학자도 있다. 9속 210종으로 구성되어 있으며, 우리 나라에서 6속 25종(1속 8종은 도입종임)이 자란다.

 우리 나라에 없는 Pseudotsuga는 미국에서 자라며, 이것은 목재상에서 볼 수 있는 미송이다. 그리고, Pseudolarix(1)와 Keteleeria(3)는 중국에 한정되어 있으며, 우리 나라에서 볼 수 있는 속은 다음과 같다.

1. 잎은 속생(束生), 호생(互生) 또는 총생(叢生)
2. 잎은 속생한다 ··· 소나무속
3. 잎은 호생 또는 총생한다.
    3. 상록성(常綠性)이다 ································· 개잎갈나무
    3. 낙엽성(落葉性)이다 ································· 잎갈나무속
1. 잎은 가지 전면에 호생한다.
  4. 엽침(葉枕)이 있으며, 열매는 밑으로 처지고 익었을 때
     실편(實片)이 떨어지지 않는다.
    5. 잎은 끝이 뾰족하고 갈라지지 않으며 열매는 길이가
       6cm 이상이다 ································· 가문비나무속
    5. 잎은 끝이 갈라지고 열매는 길이가 2~3cm 이다
       ·· 솔송나무

4. 엽침이 발달하지 않으며 열매는 위로 향하고 익었을 때
   실편이 떨어진다 ·· 젓나무속

2) 소나무속 (Pinus Linn.)

 구과목 중에서 가장 크고 경제적으로 중요한 식물군으로서 상록교목이지만 간혹 관목도 있으며 90종이 북반구의 온대와 열대의 산악지역에 널리 퍼져 있다. 경제적으로 목재생산이 제일 크지만 거의 모든 종을 펄프의 원료로 사용할 수 있을 뿐만 아니라 부산물로서 테레핀유 및 송진의 생산도 막대하다. 가지는 대개 윤생하고 수피가 조만간 갈라지며 동아는 뚜렷하고 많은 포로 싸여 있다. 처음에는 잎이 1개씩 나선상으로 달리지만 곧 떨어지고 짧은 가지의 끝에 2~3 또는 5개씩의 잎이 한군데에서 자라며 밑부분이 6~12개의 아린으로

미인송

둘러싸여 있고, 아린은 곧 떨어지는 것과 끝까지 남는 것이 있다. 잎은 끝이 뾰족한 선형이며 가장자리에 잔톱니가 있고 각 면에 기공조선이 있으며, 잎을 옆으로 잘랐을 경우의 외부 형태는 달리는 잎의 수에 따라 달라진다. 관속의 수는 1~2개 이고, 수지구멍의 수는 2개 이상이다.

꽃은 1가화로서 숫꽃은 새 가지의 밑부분에 달리며 많은 수술이 달리고 꽃밥이 각 2개씩이며, 암꽃은 새 가지끝에 1개 또는 여러 개가 달리고 많은 대아포엽이 모여 솔바울처럼 되어 있으며, 각 아포엽(芽胞葉)에 2개의 도생배주와 1개의 포가 달린다. 솔방울은 난형 또는 원통형으로서 실편이 떨어지지 않고 딱딱해지며 윗부분이 두꺼워지고, 제에 다린 돌기는 바늘처럼 뾰족하다.

종자는 각 실편에 2개씩 들어 있으며 날개가 있거나 없고 2~3년만에 익으며, 자엽은 3~18개이고 배유가 있다. 번식은 종자와 삽목, 접목으로 한다.

우리 나라에는 자생종 7종과 도입종 5종이 식재되고 있으며 소나무류와 잣나무류로 크게 구분하고 있다.

가. 소나무속의 분류기준

1. 잎은 2개씩 속생하고 그 기부의 초는 계속 붙어 있으며 잎의 유관속은 2개, 종자에 날개가 있다. ·································· 2
1. 잎은 3개씩 속생하고, 노목의 수피는 회백색이다.
   ··· 백송 P. bungeana

1. 잎은 5개씩 속생하고, 그 기부의 초는 탈락한다. 잎의 유
   관속은 1개 ·· 4
   2. 수피는 회갈색, 정아는 적갈색, 잎은 약간 연하고 가늘
      다 ·· 소나무 P. densiflora
         * 지면에 접해서 반구형의 수관을 이루는 것
            ·· 반송 for. multicaulis
         * 잎이 기부를 제외하고 모든 황금색인 것
            ·· 은송 for. vittata
         * 가지 기부에 구과가 많이 모여나는 것
            ··· 남복송 for. arggregata
         * 가지 선단에 구과가 많이 모여나는 것
            ··· 여복송 for. congesta
         * 가지는 가늘고 아래로 늘어지는 것
            ·· 처진소나무 for. pendula
      2. 수피는 흑색, 회흑색 ··· 3
3. 정아는 백색, 잎은 굵고 강직하다
   ··· 곰솔(해송) P. thunbergii
      *수간이 여러 개로 갈라진 것
         ··· 곰반송 for. multicaulis
3. 정아는 회백간색, 잎은 매우 강직하다
   ··············· 만주곰솔 P. tabulaeformis var. mukudensis
      4. 종자에 날개가 있다. 구과는 길이 5~7㎝, 거의 자루가

없고 벌어지며 어린 가지는 털이 없거나 다소 있다.
.... 섬잣나무 P. parviflora
   4. 종자에 날개가 없다. 5
5. 땅에 붙어서 자라는관목, 구과는 길이 3~5cm, 거의 벌어지지 않는다. .... 눈잣나무 P. pumila
5. 곧게 자라는 교목, 구과는 길이 5~20cm, 거의 자루가 없고 벌어지지 않으며 어린 가지에 갈색 털이 많이 난다.
.... 잣나무 P. koraiensis

나. 품종 및 변종

소나무는 지역특성이나 수관, 수간, 침엽특성 등에 의하여 몇가지 품종으로 구분된다. 우에키박사는 우리 나라 소나무 품종을 다음과 같이 구분하였다.

(1) 반송(盤松, Pinus densiflora for. multicaulis)

지표면 1m 내외에서 줄기가 여러개로 갈라지고 주간(主幹)이 없으며 수관이 우산모형을 이룬다. 조선다행송(朝鮮多行松), 천지송(天枝松), 만지송(萬枝松) 등으로 불리기도 한다.

(2) 다행송
(多行松, P.densiflora var. umbraculifera)

줄기가 지표면에서부터 여러 개가 나와 우산모양을 이루며 산야에서 간혹 볼 수 있다.

(3) 미송(美松, P.densiflora for. umbraculifera)
 수고가 1~6m의 적은 소나무로 굵은 가지가 위로 향하여 수관이 관(冠)모양을 이루고 있다.

(4) 일엽송
(一葉松, P.densiflora var. monophylla)
 두 개의 잎이 하나로 합쳐져서 육안으로 보기에 잎이 하나인 것처럼 보이며 야생상태에서 드물게 나타난다.

(5) 백발송
(白髮松, P.densiflora var. variegate)
 솔잎이 황백색을 띠거나 혹은 황색 반점이 나타나며 산지에서 희귀하게 나타난다.

(6) 뱀솔
(蛇松, P.densiflora var. oculus-draconis)

솔잎의 반 또는 두세군데가 일정하게 노랑색을 나타내며 드물게 나타난다.

(7) 범솔(虎松, P.densiflora var. tigrina)

솔잎이 황색 얼룩무늬를 갖고 있어 호랑이무늬처럼 보여 범솔이라 부른다.

(8) 황금송
(黃芩松, P.densiflora var. aurea)

침엽기부는 녹색이나 그 밖의 부분은 황금색을 띠고 있어 아름답게 보인다. 계절에 따라 잎색이 다소 변한다.

(9) 은송(銀訟, P. densiflora var. arentea)
솔잎이 백색으로 변하여 은빛 소나무처럼 보인다.

(10) 누백송(樓白松, P.densiflora var. albo-terminata)
은송과 비슷하나 솔잎 끝만 백색으로 변한다.

(11) 홍금송(紅錦松, P.densiflora var. rubro-aurea)
황금송과 비슷하나 솔잎이 겨울에 주홍색으로 아름답게 변한다.

(12) 용솔(龍松, P.densiflora var. tortuosa)
솔잎이 나선상으로 나서 가지 모양이 용처럼 비틀려 자란다.

(13) 학송(鶴松, P.densiflora var. recurva)
솔잎이 짧고 연하며 끝이 약간 구부러져 학처럼 보인다.

(14) 재솔(灰松, P.densiflora var. molis)
솔잎이 연하고 보통 솔잎보다 길며 잎색이 회록색을 나타낸다.

(15) 난장이솔(玉松, P.densiflora var. globose)
다행송과 비슷하게 생겼지만 난쟁이로서 둥글고 대부분 높이가 1m 미만이다.

(16) 원숭이솔(猿松, P.densiflroa var. longiramea)
솔잎이 보통 것에 비하여 1/3정도로 작고 밑으로 처지며 원숭이처럼 보인다.

(17) 팔방송(八房松, P.densiflora var. octo-partita)
하나의 큰 겨울눈(頂芽) 근처에 7개의 작은 눈이 있는 것으로 많은 가지를 갖는다.

(18) 가시솔(P.densiflora var. asamensis)
솔방울 실편 끝부분에 보통 것 보다 긴 가시가 달리며 종자에 반점이 있다.

(19) 바위솔(岩石松, P.densiflora var. aspera)
 껍질이 검은 흑색으로 어려서나 커서나 껍질이 거칠다. 줄기는 통통하고 굵으며 키는 난장이다.

(20) 수양황금송
(垂黃金松, P.densiflora var. aurea-pendula)
 일년생 가지와 잎은 황금색이며 가지는 밑으로 처진다.

(21) 수양뱀솔
(垂蛇松, P.densiflora var. oclus-draconis-pendula)
 수양송과 뱀솔의 잡종으로 알려져 있으며 가지가 밑으로 처진다.

(22) 산호송(珊瑚松, P.densiflora for. coralliformis)
 제2차 가지가 짧아서 산호모양을 한다.

(23) 금강송(金剛松, P.densiflora for. erecta)
 일반적으로 "강송"이라 불리며 강원도 금강산부터 경상북도 조령으로 통하는 종관산맥(縱貫山脈) 가운데 특히 계곡부위의 토양수분 조건이 좋고 비옥한 지역에서 자란다. 줄기가 곧고 수관이 좁으며 곁가지는 가늘고 짧다. 지하고는 길고 수피 색깔은 아래쪽 회갈색이고 위쪽은 황적색이다. 폭이 균등하고 좁으며 목리(木理)가 곧다.

(24) 쌍둥이솔(二叉松, P.densiflora for. furcata)
지표면부터 줄기가 대등하게 둘로 갈라져 자란다.

(25) 수평솔(水平松, P.densiflora for. horizontalis)

수관을 이루는 가지가 많으며 수관이 수평을 이룬다.

(26) 촛대솔(P.densiflora for. lyraformis)
잔가지가 촛대 모양을 이루어 위로 곧게 자란다.

(27) 인왕솔(仁王松, P.densiflora for. monstrosa)
잎은 보통 소나무보다 길며 밑으로 쳐지고 마디마다 하나의 가지가 난다.

(28) 천구소송(天狗巢松, P.densiflora for. globose)

가지의 일부가 새의 둥우리 모양을 이룬다.

(29) 삿갓솔(枝垂松, P.densiflora for. umbeliformis)
가지가 수양버들처럼 밑을 향하여 자란다.

(30) 반피송(反皮松, P.densiflora for. reflexicorticesa)
수피는 회색으로 갈라지며 잘 벗겨지고 줄기가 굵고 난쟁이
이다.

(31) 절고송(節高松, P.densiflora for. annulata)
각 마디가 불룩하게 돌출하는 성질을 가지고 있다.

(32) 가는잎솔(細葉松, P.densiflora for. parviphylla)
솔잎의 길이가 1~2㎝ 정도로서 가늘다.

(33) 남복송(男福松, P.densiflora for. aggregata)
솔방울수가 한곳에 20~30개의 많은 솔방울이 달린다. 무배
종자가 많으나 때때로 유배종자도 있다. 이러한 특성이 한 해
에 끝나는 것도 있고 2, 3년 계속해서 나타나는 경우도 있다.
숫꽃이 성전환을 일으켜 솔방울로 된 것을 말한다.

(34) 자웅송(雌雄松, P.densiflora for. basi-aggregata)

암꽃이 수꽃송이 가운데 핀다.

(35) 긴방울송(P.densiflora for. longistrobilis)
솔방울이 보통의 것보다 가늘고 길다.

(36) 잔방울송(P.densiflora for. parvistrobilis)
솔방울이 둥글고 길이가 2cm이하이다.

(37) 여복송(女福松, P.densiflora for. congesta)
솔방울이 가지 끝에 많이 달린다.

(38) 처진소나무
(P.densiflora for. pendula)
가지 및 정아가 아래로 드리워지는 것을 처진소나무라 한다.

(39) 춘양목은 강원도, 경상북도 북부지역 등에 자라는 태백산맥계의 우량소나무를 통칭한 것으로 해석되며 지난날 춘양지방에서 결 좋은 소나무가 많이 생산되었고 상품적가치가 높아 춘양목으로 만든 가구나 기구는 변형됨이 없이 오래가고 결이 아름다운 특성을 가지고 있다.

 미기록종으로 경북 구미에서 발견된 누운소나무도 있다.

다. 지역형

 우리 나라 소나무의 수관형태는 지역적 차이, 개체변이, 생장속도 및 생리적 차이 등에 의하여 많은 변이를 보이고 있다. 소나무의 연령에 따른 수관의 변화는 수령이 증가함에 따라 난형 또는 타원형으로 변한다

 우리 나라 기후와 지형적 특성에 의하여 일본의 우에키(植木秀幹) 박사는 수관형태를 동북형(東北型), 금강형(金剛型), 중부남부평지형(中部南部平地型), 위봉형(威鳳型), 안강형(安康型), 중부남부고지형(中部南部高地型) 등 6개형으로 구분하였다.

 동북형은 함경남도, 강원도 일부분 지역에 분포하면서 줄기는 곧게 올라가며 수관은 계란모양으로 지하고(枝下高)가 낮다. 금강형은 금강산, 태백산을 중심으로 줄기가 곧고 수관은 가늘고 좁으며 지하고가 높다. 중부남부평지형은 서해안 일대에 분포하며 줄기가 굽으며 수관이 넓고 지하고가 높다. 위봉형은 전라북도 완주군 위봉산을 중심으로 분포하여 전나무의 모양을 닮았으며 수관이 좁고 줄기생장은 저조하다. 안강형은 울산을 중심으로 분포하며 줄기가 매우 굽으며 수관은 위가 평평하며 수고가 낮고 난쟁이형을 이룬다. 중부남부고지형은 금강형과 중부남부펴지형의 중간형으로 지형, 표고, 방위, 기후에 따라 금강형이나 중부남부평지형에 가까운 수관형태를 보인다.

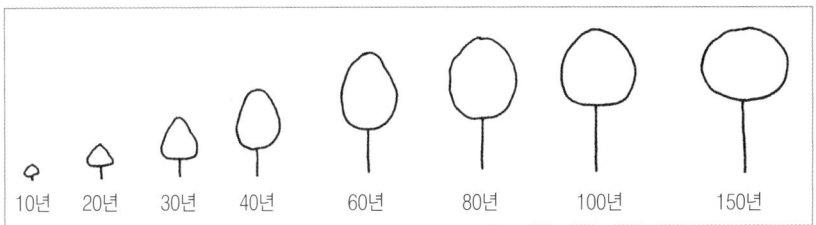

연령별 수관형태 변이

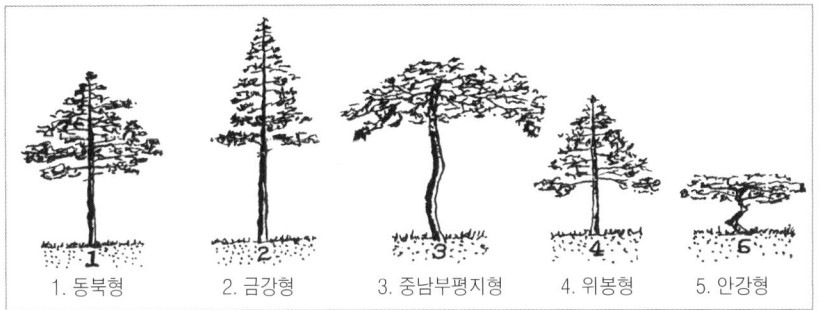

1. 동북형   2. 금강형   3. 중남부평지형   4. 위봉형   5. 안강형

지역별 소나무 형태 구분

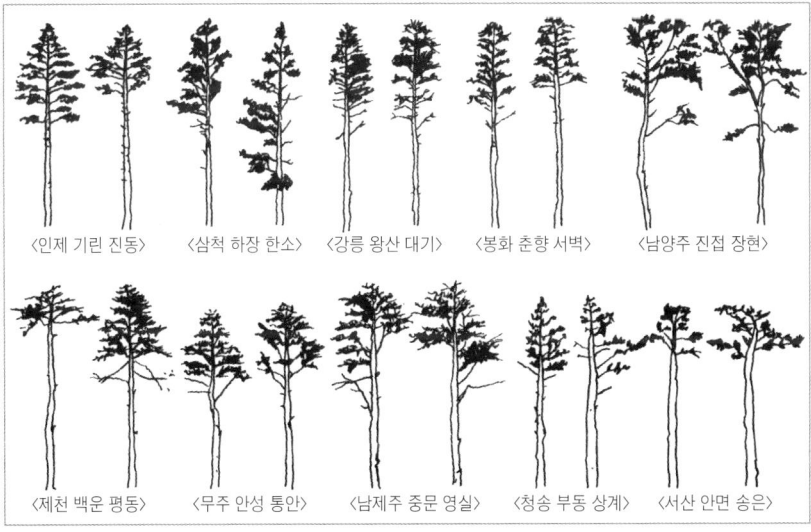

〈인제 기린 진동〉 〈삼척 하장 한소〉 〈강릉 왕산 대기〉 〈봉화 춘향 서벽〉 〈남양주 진접 장현〉

〈제천 백운 평동〉 〈무주 안성 통안〉 〈남제주 중문 영실〉 〈청송 부동 상계〉 〈서산 안면 송은〉

지역별 수관 형태

2. 소나무림의 생태

1) 고생태
가. 지질시대로 본 소나무의 분포

 한반도의 송백류 중 소나무속(Pinus)은 중생대 백악기에 출현한 이래 가장 성공적으로 환경에 적응하여, 그 시대에 나타난 종류 중 유일하게 남아있을 뿐 아니라, 오늘날에도 난온대에서 한대 고산지대에 이르는 가장 넓은 분포역을 가지는 송백류이다.
 한반도에서 가장 오래된 송백류 화석은 고생대 페름기부터 나타나고 있다. 중생대에 출현했던 대부분의 송백류는 신생

대에 들어서 멸종했으나, 소나무속은 한반도에서 중생대 백악기에 출현하여 이미 그 시대에 황해도에서 전북에 이르는 넓은 지역에 살았으며, 신생대 제3기 마이오세를 거쳐 제4기 플라이스토세와 홀로세까지 연속적으로 나타나는 주된 수종이다. 중생대와 신생대 제3기 마이오세부터 제4기 플라이스토세 후기까지 연속적으로 발견되던 송백류 중 많은 종류가 멸종된 것은 플라이스토세 후기의 기후 변화에 의해 한반도에서 소멸된 것으로 보인다. 반면에 플라이스토세 후기에 출현하는 한대성 수종의 증가는 기후의 한랭화를 지시하며 이에 따라 많은 고산식물이 한반도로 유입되어 오늘날까지 잔존하게 되었다.

신생대 제4기 홀로세에 들어서 남한의 강원도 속초와 주문진, 그리고 경북 포항과 울산 방어진 일대에는 소나무속이 당시의 주된 식물 중 하나였고, 홀로세 후기로 갈수록 그 비율이 높아진다. 다만 속초의 영랑호 일대에서는 인위적인 간섭에 의해 발생된 것으로 보이는 소나무의 쇠퇴가 관찰된다. 서해안에 인접한 경기도 일산, 시흥 군자, 전북 익산 황동, 전남 무안 가흥 일대에서도 홀로세 초, 중기에는 오리나무속(Alnus)이 우점했으나 후기에는 소나무속이 증가하는 경향을 보였다. 특히 1,500년 전 이래의 소나무속의 증가는 서해안 일대의 전반적이 추세이다. 비슷한 경향이 경기도 평택, 충남 태안 천리포, 전북 김제 만경, 익산 그리고 북한의 온정, 용천, 평강 등지에서도 보고되었다.

 동해안에서는 10,000년 전에서 2,000년 전까지 참나무속과 소나무속이 우점하였으나 2,000년전 이래 소나무속이 우점하는 경향이 뚜렷이 관찰되었다. 서해안에서는 6,250년 전부터 1,500년 전까지 오리나무속이 우점했으나 1,500년 전부터는 소나무속의 증가가 두드러진다.

표 2.1 우리 나라에서 소나무속의 화석이 발견된 장소와 분포시기

지 역	시 기
전라북도 진안지역	백악기
경상북도 포항 장기층	제3기
충청북도 단양시 점말동굴	제4기 플라이스토세
충청북도 청원군 두루봉	제4기 플라이스토세
경상북도 감포 어일층	제3기
경상북도 영양	제4기 플라이스토세
황해도 사리원 재령지역	백악기
황해도 평상 해상동굴(북한자료)	제4기 플라이스토세
강원도 북평지역	제3기
강원도 세포와 회랑(북한자료)	제4기 플라이스토세
강원도 속초 영랑	제4기 플라이스토세
강원도 통천지역	제3기
평안남도 덕천 승리산 동굴층(북한자료)	제4기 플라이스토세
함경남도 금야(북한자료)	제4기 플라이스토세
함경북도 화대 장덕리 이탄층(북한자료)	제4기 플라이스토세
함경북도 화성, 어랑(북한자료)	제4기 플라이스토세
함경북도 회령탄전지역	제3기
평양 용곡동굴	제4기 플라이스토세

* 신생대 제4기 홀로세에서는 조사된 대부분 지역에 분포

나. 소나무속의 시 · 공간적 분포역 복원

경북 포항 연일층에서 나타난 소나무 종류는 Pinus miocenica Tanai로서 2개의 바늘잎을 가진 식물로 지금의 소나무 (Pinus densiflora Sieb. et Zucc.) 및 해송(Pinus thunbergii Parl.)과 비슷하다.

경북 포항 장기층군에서 나타난 소나무 종류는 Pinus echinata Mill, P. silvestris L. 이었고, 함경북도 회령탄전 지역 행영층에서 나타난 소나무 종류는 Pinus hepios(Ung.)

이었다. 그러나 강원 통천에서 나타난 소나무 종류는 Pinus sp. Ichimura로서 Ichimura(1928)가 기재는 하지 않고 두 개의 구과 잔존물의 그림을 그렸다. 이 구과는 강원도 통천 부근의 탄화된 숲에서 발견되었다.

2) 분포
가. 수평적 분포

소나무 속은 지구 전체에 약 100여종이 있는데 전부 북반구에만 나타나는 것이 특징적이다. 북으로는 극지방에서 과테말라, 서인도제도, 북아프리카, 인도네시아까지 나타난다.

우리 나라에서 발견된 소나무화석중 소나무와 비슷한 것은 일본인학자 이치무라가 1926년에 포항에서 발견한 Pinus miocenica Tanai으로서 중생대 제3기 마이오세(Middle Miocene)의 것이다. Pinus miocenica는 2개의 바늘잎을 가진 식물로 지금의 해송 및 소나무와 비슷하다.

소나무(Pinus densiflora S. & Z.)는 한국, 중국 동북지방의 압록강 연안, 산뚱반도, 일본의 시코쿠(四國), 규슈(九州), 혼슈(本州)에서 자란다.

우리 나라에서는 제주도 한라산(북위 33°20')으로부터 함경북도 은성군 증산(북위 43°20')에 이르기까지 전국토의 고산지대를 제외한 온대림지역의 대부분을 점유하여 1개 수종으로서는 우리 나라 수종중 최대면적을 차지한다.

북위 37°~38° 사이에서 가장 많이 나타나나 남부 도서지방에 있어서는 해송에 피압되어 그 영역이 감소되었으며 북부에 있어서는 신갈나무림 지역 및 고원 또는 심산지대에는 침입하지 못하고 다만 산록지대 또는 부락부근에서 단순림 혹은 산생(散生)상태로 잔존하였을 뿐이다.

나. 수직적 분포

 소나무의 수직적 분포는 위도에 따라 달라지는데 한 지역 내에서는 입지별로 활엽수와의 경재에서의 우위 여부에 따라 달라진다. 제주도 한라산에 있어서 특히 표고 1,200~1,800m에 출현한 것은 산록 500m 이하의 난대 지역이 포함된 때문으로 만일 이것을 제외한다면 강원도 화악산 및 함경도 추애산 등과 같이 1,300m가 상한계선이란 것을 알 수 있다. 북위 40° 이북에서는 보통 90m 이하에 나타난다. 평안도 영원군 낭림산에 있어서 하한계선이 900m로 나타난 것은 1차 침입하였던 소나무가 산불의 피해 또는 원생림의 분자였던 낙엽활엽수의 압박으로 인하여 천연갱신이 불가능하였기 때문에 일부가 절멸한 것으로 사료된다. 전반적으로 최저 1m부터 최고 1,300m까지 분포하고 있으나 종합적으로 관찰한 바에 의하면 하한계선은 100m, 상한계선은 900m인 것으로 보아 500m 내외의 지대가 수직적 분포영역의 중심임을 알 수 있다.

 소나무는 생육기일 동안 기온합계가 평균 2,962℃ 이상 되는 지역에서 생육가능하며 잣나무 2,307℃, 주목 2,016℃, 가문비나무 2,545℃ 등 보다 높아 소나무의 내한성은 다른 침엽수종에 비해 낮다.

3) 입지 및 토양
가. 지역형과 산림토양군과의 관계

소나무는 산림토양군의 전역에 분포하며 다양한 입지적응 특성을 보이고 있다. 소나무는 수관형이나 생장 특성의 형태적 차에 따라 6개의 지역형으로 분류되고 있으며(Uyeki, 1928), 이들 분포는 산림토양군의 분포와 상당한 연관성을 보이고 있다.

예를 들면 경상북도 북부와 강원도 일부의 금강송과 강원도, 충청도, 전라도 내륙 일부의 중남부고지형은 갈색산림토양군, 서해안과 남해안 야산성 산지의 적·황색산림토양군 지역은 중남부평지형, 경북 영일, 포항 주면의 회갈색산림토양군과 암적갈색산림토양아군이 분포하는 지역은 안강형이 주로 나타난다.

산림토양군의 차이에 따라 소나무 지역형이 다르게 나타나는 것은 토양군 사이의 토양 물리·화학적 성질의 차이가 소나무의 형태적 차이나 생산력에 어느 정도 영향을 미친다.

표 2.2 소나무의 지역형에 따른 현존량 및 순생산량 분포(박인협과 이석면, 1990)

지역형	지 역	평균 임령	임목밀도 (본/ha)	평균수고 (m)	평균직경 (cm)	현존량 (ton/ha)	순생산량 (ton/ha/ya)	주요 산림토양군
안강형	경북 월성군 안강읍 하곡리	42	2,520	3.8	7.1	23.0	3.3	회갈색산림토양군 암적갈색산림토양군
중남부 평지형	전남 승주군 서면 청소리	33	1,030	11.9	16.6	93.6	9.5	적.황색산림토양군 갈색산림토양군
중남부 고지형	전북 남원군 주생면 내동리	30	1,150	12.1	17.1	116.6	11.5	갈색산림토양군
금강형	강원도 명주군 월산면 대기리	35	723	18.2	26.8	181.9	14.6	갈색산림토양군

나. 입지환경인자와 소나무림의 생육상태

소나무림은 모든 방위에서 분포하나 일반적으로 남향이나 서향보다는 북향이나 동향에서 생장이 양호하다. 지형별 생육상태는 상승사면보다 하강사면에서 생장이 양호하다.

산복에서 산정으로 갈수록 생장이 불량한 것은 지형특성상 토양수분조건이 생장제한 요인이기 때문이다. 소나무는 건조하고 임지비옥도가 낮은 능선사면부나 침식이 발생된 임간나지 등에서도 잘 적응하여 생육할 수 있으나 이들 지역이 소나무림의 생장적지라는 의미는 아니며 산록이나 계곡부의 양분이나 수분조건이 양호하고 활엽수류의 경쟁이 배제된 지역에서 양호한 생육상태를 보인다. 그러나 과습한 지역에서는 동기성불량에 의한 뿌리호흡 문제 때문에 잘 분포하지 않으며 생육상태도 불량하다.

생장에 관여하는 입지환경인자는 토양형>지역>토색>토심>

경사위치>유효토심>견밀도>방위>경사도>지질>표고 순이다 (마상규, 1974). 토색은 명갈<갈색<암갈색<흑색으로 흑색에 가까운 곳에 자라는 소나무의 생육상태가 비교적 양호하다. 소나무는 알칼리성이나 중성토양보다는 산성토양에서 수고생장이 양호하다.

다. 소나무림의 토양 특성

(1) 유기물층의 특성

소나무는 낙엽내 양분함량이 낮고 C/N율이 높아 낙엽분해가 느리게 진행되어 유기물층이 두껍게 쌓이고 유기물층의 pH가 낮아 균사의 발달이 풍부하며 성숙한 임분에서는 유기물층(L.F.H)의 발달이 비교적 뚜렷하다.

(2) 산림토양 특성

유기물층이 발달한 성숙임분의 경우 수분이 토층하부로 침투하기 어렵기 때문에 광물질 토층은 비교적 건조한 특성을 많이 나타나게 되며 표토층의 토양구조는 세립상이나 입상구조, 심토층의 경우 괴상구조(Blocky)가 발달하나 토양발달이 진행되고 수분조건이 양호한 지역은 표토층의 경우 단립(團粒), 심토층은 아각괴상구조(Subangular blocky)가 출현한다.

주로 사양토나 양토 등 배수가 양호한 토양에서 생장이 양호하고(표 2.3) 토양 pH 5.0~5.5 부근에서 가장 많이 나타나며 이 지역에서 생육도 비교적 양호하다. 소나무임분은 인위적인 교란이 심하고 건조한 지역에 주로 분포하기 때문에 토양의 양분수준은 타 임분에 비해 낮다(표 2.4).

표 2.3 소나무림 토양의 물리적 성질(박남창, 1993)

층위	모래(%)	미사(%)	점토(%)	토성
A	47.7 / (11.7~81.4)	36.0 / (14.6~73.6)	16.3 / (3.0~35.0)	양토
B	45.8 / (12.1~85.6)	36.8 / (10.6~70.5)	17.4 / (2.6~36.0)	양토

*평균값/(최소값~최대값)

표 2.4 소나무림 토양의 화학적 성질(박남창, 1993)

층위	pH	유기물(%)	전질소(%)	유효인산(ppm)	양이온치환용량(me/100g)	치환성양이온(me/100g)			
						칼륨	나트륨	칼슘	마그네슘
A	5.5/ 4.6~6.4	2.3/ 0.4~5.0	0.11/ 0.02~0.23	24/ 6~94	9.2/ 5.5~13.6	0.19/ 0.6~0.50	0.27/ 0.12~0.40	0.95/ 0.21~2.60	0.44/ 0.12~1.70
B	5.4/ 48~6.4	1.8/ 0.3~3.8	0.09/ 0.03~0.16	18/ 4~62	8.4/ 3.3~13.4	0.16/ 0.04~0.32	0.26/ 0.08~0.43	0.70/ 0.21~2.41	0.49/ 0.06~1.50

라. 입지 · 토양과 생장

우리 나라 산림대중 온대북부림에서 생육하는 소나무가 타 지역에서 생육하는 소나무에 비해 수고생장이 양호한데 이것은 이 지역이 험준한 산악지가 많아 인위적인 교란이 적고 정상적인 양분순환이 이루어지는 등 토양생산력이 높기 때문이다.

산림토양군별로는 갈색산림토양군지역이 적색이나 암적색, 회갈색산림토양군보다 수고생장이 우수한 것으로 나타나고 있으며, 적색, 암적색, 회갈색산림토양군이 갈색산림토양군에 비해 수고생장이 낮은 것은 견밀도가 높고 배수 불량 같은 토양 물리성과 침식에 의한 양분세탈이 심하여 토양 화학성이 불량하기 때문이다.

소나무림의 수고생장은 토양 중의 유효인산, 칼륨, 칼슘함량과 정의 상관(r=0.38~0.63)이, 토양 pH와는 부의 상관(r=-0.40) 관계에 있으며(김규식과 한영창, 1997). 토양양분에 의한 산림생산성 기준은 표2.5와 같다.

표 2.5 소나무림(강송) 토양의 화학적성질에 의한 산림생산력 판정 기준치

구분	토성	토양 pH	전질소 (%)	유효인산 (ppm)	치환성양이온(me/100g)		
					칼륨	칼슘	마그네슘
양호	사양토,양토	5.0~5.4	〈 0.15	20~30	0.18~0.25	〉2.5	〉1.0
불량	식양토	〈 4.5	〈 0.10	〈 2.0	〈 0.12	〈 2.0	〈 0.5

마. 토양관리

임관이 울폐된 성숙한 소나무림은 간벌이나 가지치기 등을 실시하여 임지 양분순환을 촉진하거나 요소 같은 질소질 비료의 시비를 통하여 임목내 양분의 직접적인 공급과 유기물층의 분해촉진을 통하여 산림생산력을 증진시킬 수 있다.

산록이나 산복 부위에 위치한 소나무림의 경우 시비 등 산림토양관리를 통하여 생산력을 어느 정도 증진시킬 수 있지만 산정 부위에 생육하는 소나무림은 현재상태로 잔존시킨

다.

 갈색산림토양군에서 생육하는 소나무림은 시비 등 산림토양 관리를 통하여 산림생산력의 증가가 기대된다. 토양의 산성화가 심한 소나무림은 석회나, 고토비료를 시비하여 토양을 개량하여야 하며 시비의 뚜렷한 효과를 기대하기 위해서는 복합비료를 첨가하는 것이 좋다.

 산불이 발생한 소나무림은 토양의 물리적성질이 불량해지고 침식에 의한 토양내 양분손실이 크게 발생하기 때문에 산림생산력을 지속적으로 유지하기 위해서는 임지 시비가 필요하며 산불 발생 직후는 시비가 필요 없으나 식재 후 2~3년부터는 시비를 통한 임지의 안정화 및 식재목의 생육 촉진이 필요하다.

4) 동태(動態)
가. 산림동태(Forest dynamics)

 산림동태는 숲이 어떻게 바뀌어 가는가를 말하는 것으로 시간적 척도로 보아 몇 시간에서부터 계절적 변화, 연간변화, 수 십년 또는 수 백년 등 그 척도에 따라 다르게 표현된다. 나무 수명이 수십년에서 수백년 이상이 되면 종이나 토양환경 등이 크게 바뀐다.

 이러한 시간적 개념에서 본 숲의 변화는 천이(succession)라 할 수 있다. 여기에서는 수 십년에서 수 백년 사이에 일어나는 소나무림의 변화는 장기적인 조사자료가 많지 않아 한계가 있으므로 단기간의 관찰로 추정할 수 밖에 없는데 숲에서의 교란의 형태와 물리적 환경에 따른 다른 종들과의 경쟁관계에서 소나무림의 변천을 예측하기로 한다.

나. 산림동태 측면에서 본 소나무의 생태적 특성

소나무림의 동태를 예측하려면 다른 수종들과의 경쟁적 위치에서 소나무가 어디에 있는가와 생활사 전략에 대한 이해가 필요하다.

(1) 자원이용 전략

갱신과 생존에 있어 햇빛을 많이 요구하며(양수, specialist), 토양수분에 대한 적응범위는 넓다(generalis). 따라서 지형적으로 토양이 건조한 능선부부터, 자주 범람하는 하천의 사구까지 분포하지만, 햇빛이 부족한 북사면이나 계곡부, 그리고 다른 종이 선점한 곳에서는 다른 종에 밀리거나 살아남지 못한다.

(2) 갱신전략

많은 종자를 생산하고, 바람을 이용하여 널리 산포하며, 토양이 나출되어야 갱신에 성공할 수 있다. 이러한 특성 때문에 모수로부터 비교적 먼 곳에 적자가 생기면 먼저 정착할 수 있다.

(3) 수명과 크기

수명은 수 백년까지 가능하고 비교적 길며, 생장속도가 빠르면서도 최대 크기가 흉고직경 180cm(기록상 250cm), 수고 35m(기록상 50m)까지 자라므로 오랜 기간동안 자손을 퍼뜨릴 수 있는 기회가 많다. 따라서 천이계열상의 위치로 말한다면 천이초기의 선구수종이다.

다. 소나무림의 동태

소나무는 토양조건, 특히 토양수분이 열악한 환경에서도 잘 견디지만 피음에 약하여 토양조건이 좋아 다른 수종과 경쟁을 하는 경우에는 결국 다른 수종에게 자리를 내주게 된다. 따라서 일부 능선부 지역과 같이 극히 척박하고 일사량이 많은 곳은 계속하여 소나무림이 존속되기도 하지만, 토양조건이 좋아지면 다른 수종이 침입하여 밀려나게 된다.

여기에서 한가지 중요한 외부요인은 교란(disturbance)인데, 교란의 빈도와 강도에 따라 일부 대상식생으로 소나무림이 존속된다. 교란 형태로는 인위적인 간섭 및 관리, 산불, 산사태, 바람과 수해, 병해충 등이 있다. 소나무가 얼마나 오랫동안 우위를 점하느냐는 교란의 종류와 세기(강도와 빈도), 입지조건(일사량과 토양수분)에 따라 달라지는데 이러한 외부환경요인은 다른종과의 경쟁에 있어 주요 인자가 되기 때문이다.

 현재까지 소나무림이 많이 존속되어왔던 이유 중 가장 큰 요인은 무엇보다 인위적인 간섭에 의한 것이다. 즉 소나무를 보호하고 다른 종을 없애거나, 산림에서의 극심한 수탈의 덕택에 소나무가 우점하고 있는 지역이 많다. 이러한 지역은 대부분 잠재식생에 의하여 대체되며, 주로 서어나무, 졸참나무, 신갈나무 등을 들 수 있는데 수종간에도 서로 우위를 갖는 입지환경이 다르다. 즉 신갈나무는 능선부 지역과 온대북부지역에서 우세하고, 졸참나무와 서어나무는 온대중부 저지대에서 우세한데 이들은 토양의 건조도에서는 졸참나무가 피음에 대해서는 서어나무가 약간 우세하여 입지의 분화가 이루어지나 경합되는 곳이 많다.

 그런데 솔잎혹파리나 산불과 같은 경우는 오히려 천이를 촉진시킬 수 있다. 소나무는 불에 약하기 때문에 대부분 죽게되고 남은 재는 토양에 양료를 제공하고 하층에 있던 참나무류가 피압으로부터 벗어나게 되어 생장이 촉진되기 때문이고, 솔잎혹파리의 피해지도 유사한 과정을 거칠 것으로 판단한다.

 하지만 이러한 과정을 보다 장기적으로 관찰한 연구가 없기 때문에 이를 단정할 수 없고, 동해안지역과 같이 건조하고 척박한 토양에서는 산불이후 하층에서 맹아로 올라오는 참나무류가 수명이 얼마나 길지가 문제이고 이러한 경우 다시 소나무림으로 될 수도 있다는 주장도 있다. 그리고 지형적으로 능선부와 같이 척박하고 건조한 곳은 다시 소나무림으로 될 확률이 높다.

제2장
소나무 양묘기술

제2장 소나무 양묘기술

1. 종자 생산

 좋은 나무는 우량 종자에서 시작된다. 좋은 종자를 얻기 위해서는 형질이 우수한 모수(母樹)와 생산지를 고려하여야 할 뿐만아니라 개화결실, 채취, 채종 후의 취급 등 여러 가지를 알아두어야 한다.

가. 종자 생산원
 종자생산을 목적으로 가꾼 나무의 집단을 종자생산원(림)이라 하는데 채종원, 채종림 그리고 일반 채종임분으로 구분한다.

(1) **채종원** : 우량종자 생산을 목적으로 수형목 클론을 과수원처럼 가꾸어 관리하는 종자생산원으로 선발방법은 개체선발이다.

(2) **채종림** : 우량한 임분중에서 채종림 기준에 부합되면 시·도지사 및 지방산림청장이 지정하고 간벌등 개화결실을 유도하여 종자를 생산하는 임분으로

집단선발이다. 따라서 채종원에 비하여 개량효과는 떨어지나 비용과 시간을 줄일 수 있기 때문에 채종원에서 생산된 종자가 부족할 경우에 보완적인 수단으로 활용할 수 있다.

(3) 일반채종임분 : 시·도지사 및 지방산림청장은 채종림에서 생산되는 종자가 부족시에 채종림 지정요건에 미달되는 우량임분을 선정하여 잠정적으로 채종하는 임분이다.

나. 종자채취

(1) 종자의 결실

 소나무는 10~15년생 정도부터 결실이 시작되며 모수림은 30년생 이상의 장령림으로 하는 것이 보통이다. 일반적으로 수목의 결실은 해에 따라 풍흉이 있으며 반드시 일정한 주기가 있는 것은 아니나 대개 격년에서 7년의 결실주기를 나타내며 소나무는 격년 결실 수종으로 다른 수종에 비하여 결실 풍흉이 심하게 일어나지 않으나 해마다 반복되어 평년인 해가 많다.

(2) 종자의 채취

 종자는 성숙 정도에 따라 발아율에 크게 영향을 미치므로 완전히 성숙된 것을 채취하여야 한다. 종자의 성숙은 일반적으로 따뜻한 지방은 추운 지방보다 늦으며 같은 지방이라도 당년의 기후와 위치에 따라 보름이상의 차이가 일어난다. 기후가 건조하고 온난할 때는 성숙이 빠르고 남서면 임연목이나 고립목 등 광선을 잘 받는 곳의 성숙이 빠르다. 소나무 종자의 채종시기는 구과의 부피가 약간 줄어들고 함수량이 적어지며 약간 갈색으로 변하는 때이며 일률적으로 채종 시기를 정하기는 어려우나 중부지방에서는 9월 상·중순이 남부지방에서는 9월하순~10월상순이 적기이다.

(3) 채취 방법

(가) 직접 따모으기

낮은 가지의 경우 구과를 손으로 채집하는 방법이다.

(나) 절단 및 거단

구과 결실지를 고지전정가위나 고지톱 등으로 자르는 방법으로 일반적인 종자채취에 가장 많이 이용하는 방법이다.

(다) 등목에 의한 채취

수간을 통해 가지에 접근하여 채취하는 방법으로 등 목용 박차나 등목용 사다리, 등목용 자전거 등을 이용한다.

(라) 수관으로 직접 접근

굴삭기에 박스를 부착하여 결실가지에 접근하여 종자만을 채취하는 방법으로 채종원 종자채취에 이용하고 있으며 일반가지에 손상을 주지 않으므로 익년도 결실에 영향을 주지 않는 안전한 방법이다.

(4) 종자 생산량

 개체목간의 유전적 소질, 수령 및 수관의 크기, 무육관리의 정도 등의 외부 환경요인과 영양상태에 따라 차이가 심하며 소나무 채종원에서 조사한 자료에 의하면 구과당 종자생산능력은 58립, 구과당 충실종자 생산량은 16개이었다. 최근 수년간의 종자생산량은 10~20년생 채종원에서 매년 0.2~0.5 kg/ha의 종자를 생산하고 있다. 종자는 결실 풍년에 충분하게 채취하여야 한다. 결실 흉년에는 충실한 종자가 적으므로 채취 비용이 많이 들고, 종자의 발아율도 낮아지고, 생리적 결함이나 해충 등의 피해도 많기 때문이다.

다. 탈종 및 정선

(1) 종자의 처리

 발아력이 높은 순정종자를 생산하기 위하여 종자처리 단계는
① 예비손질 ② 예비저장 ③ 탈종 ④ 날개제거 ⑤ 정선 ⑥ 등

급구분 ⑦ 함수율 조정이다.

(2) 종자 전처리

채집된 소나무 구과는 함수율이 120~140%로 그대로 두면 부패하거나 고온으로 인한 발효나 균류가 번식하게 되므로 환기와 건조에 유의하여야 한다.

3) 예비손질 및 저장

잔가지, 수피, 잎 및 기타 협잡물을 제거하고 건조, 탈종 및 장기저장을 위한 저장 및 건조작업이다.

(4) 탈종

소나무의 구과는 햇볕에 건조가 잘되며 쉽게 벌어져 탈종되므로 양건법(陽乾法)을 주로 쓴다. 구과의 양이 많을 경우 자연보관상태에서는 균일하게 건조되지 않으므로 저온(32℃)에서 건조시키다가 서서히 온도를 높혀가는 것이 좋으며 최대온도가 43℃를 넘지 않도록 주의하여야 한다. 건조된 구과는 탈종기를 이용하여 탈종하게 된다.

(5) 날개 제거

종자를 채에 문지르거나 보자기에 싸서 비벼 제거하며, 종자의 양이 많을 경우 날개제거기를 이용한다.

(6) 정선

 소나무의 종자는 선풍기나 키를 이용하여 종자에 붙은 날개와 쭉정이 종자, 협잡물을 가려내는 방법으로 소규모는 키에 담아 손으로 종자를 비벼서 날개를 뗀 후 키질을 하여 충실종자를 가려내며 대규모일 경우에는 종자가 빠지지 않을 정도의 철망으로 된 원통형에서 물을 뿌려주고 철망통을 회전시켜 종자끼리 부딪쳐 종자와 날개가 분리되게 한 다음 통속에서 히터를 통해서 건조하고 더운 바람을 송풍시켜 종자를 말린 다음 풍선방법으로 충실종자를 정선한다.

(7) 종자 검사

 종자검사는 모든 종자관리의 기본이다. 이것을 통하여 생존능력 및 종자의 사용과 보존을 조절하는 모든 물리적 인자를 측정할 수 있다. 종자검사는 종자를 채취할 가치를 갖고 있는지, 종자처리과정이 제대로 되었는지, 얼마 정도의 묘목을 얻을 수 있는지에 대한 정보를 준다.

양묘업자는 단위면적 당 소요되는 종자의 양을 결정하는 것을 목적으로, 종자 판매업자는 종자가격 산정과 관련하여, 국가기관에서는 국내 및 국제간의 종자의 이동 때문에 품질에 관심을 갖는다. 종자검사는 정선된 종자가 얻어진 뒤나, 파종하기 전에 실시한다.

(가) 직접 발아율

발아율은 정상적인 묘목을 생산하는 순정종자의 백분율이다.

모든 종자의 품질측정법 중 종자의 발아시험이 가장 중요하다.

발아율 조사는 우리나라의 경우 항온발아기에 의한 발아율 조사가 원칙이고, 보조 방법으로 환원법, 절단법, 가온법 등을 사용한다.

항온발아기에 의한 발아시험은 최적의 조건에서 발아할 수 있는 종자의 수를 추정하는것이다. 순정종자만을 대상으로 발아시험을 실시한다. ISTA는 보통 100립씩 4반복 총 400립의 종자를 사용한다.

우리나라는 소립종자는 100립 5반복, 중립종자는 50립 5반복, 대립종자는 30립 5반복을 취하고 있다.

(나) 간접 발아율

1) 환원법

테트라졸륨(2,3,5-triphenyltetrazolium chloride;TZ) 0.1~1.0% 수용액에 48시간 암상태에서 침전시킨 후 종피를 벗기고 배와 배유가 적색으로 착색되어 있으면 건전종자로 판정하는 방법으로 검정기간이 빠르고검정 후에도 종자의 발아력이 유지된다.

2) X선 분석법

충실종자는 X-ray 필름상에 검은색으로, 쭉정이 종자는 흰색으로 반응되어 식별할 수 있으며 검정시간이 신속하다.

3) 절단법

종자를 절단하여 배와 배유의 발달상태를 보고 종자의 발아력과 충실도를 조사하는 방법이다.

라. 종자의 저장

 정선된 종자를 파종할 때 까지 보관하는 것을 저장이라고 한다. 채종하여 일년 이내의 저장기간을 단기저장, 2~5년을 중기저장, 그 이상을 장기저장이라고 하며, 종자풍흉이 심한 수종의 경우 결실이 좋은 해에 다량 채취하였다가 추후에 사용 목적으로 저장한다.

(1) 종자저장에 미치는 요인

 종자의 상태는 성숙 정도, 풍흉, 기계적 손상, 탈종 및 정선기술 등이며 저장환경은 저장방법과 기간, 종자를 둘러싸고 있는 공기와 종자내의 수분함량, 저장온도, 광 등이다. 자연상태에서 충분히 성숙된 종자는 미숙 종자보다, 각종 피해를 받지 않은 종자가 피해를 받은 종자보다 저장 수명이 길다. 풍년의 해에 채종한 종자는 흉년인 해보다 발아율이 높다. 저장조건은 종자내의 수분 함량이 가장 중요하며 수분함량에 따른 종자의 반응은 다음과 같다.

45~60% 이상 : 발아시작
18~20% 이상 : 열이 발생하여 호흡률이 높아지고
　　　　　　　에너지가 소모됨
12~14%　　　 : 곰팡이, 균의 발생
8~9% 이하　 : 해충의 활력이 상당히 감소
4~8%　　　　 : 밀봉저장이 안전함

(2) 저장을 위한 준비

 정선된 종자는 살균 또는 살충한 후 저장방법에 따라 종자의 포장 외부에 분류번호, source, 용도, 품질, 저장조건, 채종년도, 활용년도 등 필요한 내용을 붙여 저장한다.

(3) 저장기간 및 저장방법

(가) 단기저장

소나무와 같이 가을철 채종하여 이듬해 또는 1년 후에 사용할 종자는 살균 소독 후 기건시켜 건조하고 통풍이 잘되는 실내에 가는 그물망이나 자루에 넣어 보관하고, 종자 생산량과 조림 수요량의 수급을 조절하기 위하여 5년 이하로 보존하려면 충분히 양건하여 용기에 담아 0~5℃에 보관한다.

(나) 장기저장

유전자원 보존용 종자는 종자내의 습기를 8% 이하로

낮추어 밀봉된 용기에 담아 -18℃에 보관함이 안전하나 이는 비용과 활용성을 검토해야 한다. 액체질소 통에 넣어 초저온(-196℃)상태에서 보관하는 방법이 있으나 거의 사용하지 않는다.

(4) 저장수명

1~2℃에서 수분함량을 8% 이하로 낮추어 외부 공기의 습도가 들어가지 못하게 밀봉 저장하면 20년간은 50%의 발아율을 유지하나 수확 당시의 활력을 유지하려면, 기건 후 용기 내 저온 저장시 5년을 넘기지 않는 것이 바람직하다.

마. 종자의 발아촉진법

종자는 파종 후 가급적 단시일 내에 일제히 발아시키는 것이 이상적이다. 장시일에 걸쳐서 발아하게 될 때는 조류 및 병충해, 부패, 유실 등의 위험이 많고 또한 발아가 균일치 못하면 묘목의 생장에도 차이가 생기어 불건전한 것이 된다. 충실하고 피해가 없는 종자가 발아에 적합한 조건에서도 발아하지 않는 일이 있는데 이것을 휴면이라고 부르며, 파종 전에 휴면을 깨어주는 처리가 필요하다. 보통 소나무, 가문비나무는 비교적 발아하기 쉽다. 심한 것은 2~3년 만에 발아가 완료하게 된다. 이러한 종자는 미리 발아촉진처리가 필요하며 또한 휴면이 짧은 종자도 발아촉진으로 일제히 발아하는 효과를 얻을 수 있다. 보통 발아에 오랜 시일을 요하는 수종으로는 비자나무, 주목, 섬잣나무, 향나무, 노간주나무, 백송, 서어나무, 팽나무, 느티나무, 후박나무, 옻나무류, 붉나무, 유동나무 등이 있다.

(1) 침수법

 물 등의 액체에 종자를 담궈 종피를 연화시키고 발아억제물질을 제거하기 위한 것이다. 소나무 등 침엽수 종자는 1~4일 정도, 물푸레나무는 약 2주간 흐르는 물에 담구거나 물을 교체하여 주어야한다. 콩과수목은 40~50℃의 온탕에 1~5일간 침수하거나 85~90℃에 수분간 담갔다가 냉수에 12시간 침수한다.

(2) 황산처리법

 종피 및 과피가 두꺼워 수분 흡수가 곤란한 종자는 95%의 황산에 침적하여 발아를 촉진시킨다. 황산은 강한 부식성 및 수분과 접촉하면 폭발가능성이 있으므로 주의하여 처리하여야 한다. 아까시나무, 자귀나무, 옻나무 등의 종자에 적합하다.

(3) 종피의 기계적 가상

 투수가 안되는 종피에 기계적인 손상을 주어 수분흡수를 용이하게 해줌으로서 발아를 촉진시키는 방법이다. 콩과식물, 향나무속, 주목나무속, 옻나무속의 수종에 적합하다.

(4) 노천매장법

 종자의 저장과 종자의 후숙을 도와 발아를 촉진시키는 것이 목적으로 들메나무, 목련류의 종자처럼 봄에 파종하면 이듬해 봄에 발아하는 2년 발아종자에 적합하다. 이 방법은 양지바르고 배수가 잘 되는 곳에 50~100㎝ 깊이로 구덩이를 파고 바닥에 모래나 포대를 깔고 그 위에 종자와 깨끗한 모래를 교대로 넣어 쌓아올리며 땅 표면에는 흙을 15~20㎝ 두께로 덮어 겨울동안 눈이나 빗물이 그대로 스며들 수 있어야 한다.

(5) 화학자극제의 사용

 종자발아를 돕는 화학자극제는 지베렐린, 시토키닌, 에틸렌, 질산칼륨 등이 있다.

〈표 1〉 수종별 노천매장 시기

시 기	수 종
정선 즉시	들메나무, 단풍나무, 벗나무류, 신나무, 피나무, 층층나무
11월말까지	벽오동나무, 팽나무, 물푸레나무, 신나무, 피나무, 층층나무, 옻나무
파종전 1개월 전	소나무류, 낙엽송, 가문비나무, 전나무, 측백나무, 삼나무, 편백나무, 무궁화

2. 묘목생산

가. 묘포장소 선정

 묘포의 위치는 교통이 편리하여야 하며, 노동력이 풍부하고 임금이 싼 지역을 선택하는 것이 유리하다. 또한 관수와 배수가 잘되어야 하며 지형은 평지보다는 1~5°의 완경사지가 좋으며, 국부적 기상변화가 없어야 하며 방위는 동남향이 좋다. 토질은 비옥한 곳 보다는 이학적 성질이 더 중요하며 가급적 점토가 50% 미만인 사양토, 양토나 식양토로 토심이 30cm 이상되어야 하고 비옥도는 중용인 것이 좋다.

나. 묘포구획

(1) 일반구획

 양묘용 포지는 보통 장방형으로 그 길이가 10m 또는 20m로 구획하며 포지 중앙에 넓이 2m(묘포가 소규모 일 때는 1m)의 주도로를 설치하고 이에 직각으로 1m 폭의 부도를 설계한 다음 묘상간의 보도 넓이가 0.4~0.5m로 구획하면 비음시설, 제초 등 작업에 편리하다. 또한 상의 방향은 동서로 길게 하는 것이 좋다.

(2) 기계화 구획

 묘포시업의 기계화는 우리나라 사회발전에 따른 농촌의 노동력 부족현상을 해결하고, 생산비를 절감하고 작업능률을 향상시키는 것이 우리나라의 양묘업계가 직면한 시급한 문제라고 생각된다. 기계화작업을 위주로 할 경우에도 묘포구획은 모든 구획선을 직선으로 하고 형태 역시 정형 또는 장방형으로 하여야 한다.

(3) 부대시설

고정묘포에 있어서는 그 면적의 범위와 이용도에 따라서 묘포관리사, 기상관측장, 농기계 및 기계장비창고, 종자저장고, 퇴비장, 야외화장실등이 부수적으로 설치되어야 한다. 그 외에도 도로시설, 방풍림, 관계배수에 필요한 수로 등이 고려되어야 한다.

묘포전경

다. 묘상의 설치

상만들기 작업은 경운, 정지 및 쇄토, 상만들기 등의 순서로 이루어지게 된다. 경운, 정지, 쇄토 및 상만들기 작업은 토성 및 수종의 성질에 따라 달라진다.

(1) 경운작업

경운작업은 묘상 만들기의 기초 작업이며 토심 20~30㎝ 깊이로 동서로 교차하여 2회 이상 실시하는 것이 좋다. 추경은 가을에 묘목굴취 후에 춘경은 해빙 즉시 실시한다. 경운작업은 다음과 같이 묘포의 토성을 개량한다.

- 토양이 팽윤해지고 공기와 수분의 유통이 좋아진다.
- 토양중의 수분과 온도를 조절하고 풍화작용을 촉진하며 식물이 사용 할 수 있는 양분을 가용성으로 한다.
- 토양의 보수력, 흡열력 및 비료의 흡수력을 증가한다.
- 시비의 효과를 고르게 한다.
- 토양중의 유용세균을 증진한다.
- 잡초의 뿌리를 노출되게 하고 잡초의 종자를 땅속 깊이 묻어 주며 해충의 알, 번데기, 유충도 어느 정도 사멸시킨다. 경운은 대체로 가을에 추경하고 다시 춘경을 하면 유리하다.

(2) 정지작업

경운과 동시에 로터리를 사용하여 흙덩이를 곱게 부수어 1~2회 정지 작업을 실시한다.

(3) 상만들기

정지작업이 끝나고 묘상을 만드는 데는 고상, 평상, 저상 세 가지의 종류가 있다. 일반적으로 대부분의 수종은 고상으로 한다. 상만들기 방법은 다음과 같다.

(가) 고상

묘상의 높이를 10~15cm 정도로 하고 묘상의 윗부분에다 1cm정도 눈을 가진 체로 쳐서 흙을 얇게 덮은 다음 로라로 진압하여 파종할 종자의 발아와 생장을 돕도록 하는 것이다. 그러나 이식묘상을 만들때에는 높이만 규정대로 만들고 흙을 체로 치고 로라로 다지기 하는 것은 생략한다(소나무, 낙엽송, 분비나무, 전나무의 파종상).

(나) 평상

상 윗부분의 높이가 보도면과 같도록 평탄하게 설치하는 것을 말한다. 파종상을 만들 때에는 표토높이가 7cm 정도를 눈금 1cm 체로 쳐서 흙을 덮은 다음 상면을 진압한 후 판자로 다져서 상면이 평탄하도록 한 다음 파종한다(오리나무류).

(다) 저상

상면을 보도면 보다 약 7~10㎝ 낮게 묘상을 만든다(요령은 오리나무묘상 만들기에 준함).

라. 파 종
(1) 파종시기
파종시기는 수종과 기후 또는 종자의 처리 방법에 따라 다르게 된다. 일반적으로 봄철에 파종하는 경우가 대부분이나 근래에 와서 휴면성이 강한 종자는 가을철에 추기파종을 하면 보다 좋은 발아율을 나타내는 경우도 있다.

(가) 춘파

춘파의 적합한 시기는 대체로 그 지방의 마지막 서리가 내리게 되는 약 2주일 전을 택하는 것이 좋다. 남부지방이 3월 하순, 중부지방 4월 상순, 북부지방 4월 하순부터 5월 상순경이 된다(온난화 현상으로 지역별로 다소 앞당겨지고 있는 실정임).

(나) 추파

가을에 파종하면 발아조건이 자연 상태와 비슷하므로 대체로 발아기간이 단축되어 일제히 발아되어 묘목의 상태가 균일하게 되고 춘파에 비하여 발아완료 기간이 2~3주일 빠르며 묘목의 생장량이 20~30%, 중량이 30~50% 증가하는 것으로 알려졌다.

(다) 직파

종자를 채취한 즉시 파종하는 것을 직파라 한다(떡느릅나무, 비술나무, 버드나무, 포풀러, 회양목).

(2) 파종방법

(가) 산파(흩어 뿌림)

묘상전면에 고르게 흩어 뿌리는 방법(소나무류, 낙엽송류, 오리나무류 등과 같은 세립종자의 파종에 많이 이용된다).

(나) 조파(줄뿌림)

발아력이 강하고 생장이 빠르며 해가림이 필요 없는 수종의 파종방법이다(느티나무, 물푸레나무, 옻나무 등과 같이 ㎡당 200본 이하를 생립).

(다) 점파(점뿌림)

밤나무, 차나무류, 호두나무와 같은 대립종자의 파종에 이용되는 방법으로 상면에 균일한 간격(10~20㎝)으로 1~3립씩 파종한다.

(3) 파종량

 파종량 결정은 매우 쉬우면서도 어려운 것이다. 파종량 결정은 종자품질이 좋은 종자를 많이 뿌리면 종자의 낭비를 초래하므로 반드시 종자의 품질에 따라 결정되어야 한다. 소나무는 1㎡당 26.6g을 산파하며 600본을 잔존시킨다.

(4) 복토(흙덮기)

 산파 및 점파상은 파종 후 로라 또는 판자로 눌러준다. 종자 직경의 2~3배 되는 복토자를 30~50㎝ 간격으로 배열하고 복토용 흙을 체로 쳐서 균일하게 덮는다. 또한 복토용 흙은 소독한 것 또는 보도에서 지하 30㎝ 이하의 신선한 흙을 사용한다. 소나무는 7㎜의 복토자를 이용한다.

(5) 짚덮기 및 제거

 지표상의 습기를 보존하고 비바람으로 흙이나 종자가 흩어지는 것을 방지하며, 소나무의 경우 비음망을 설치한다. 짚은 발아가 1/2이상 완료되었을 때부터 완전히 제거한다.

마. 이식

 이식의 목적은 근계발육을 양호하게 하고 지상부도 지엽이 많은 즉 T/R율이 낮은 건묘 생산을 위해 실시한다.

(1) 시기

 이식은 해토 후 수액이동 직전에 실시한다. 남부지방은 3월 중하순, 중부지방은 3월 하순~4월 상순이 적기이다.

(2) 방법

 이식 전에 단근을 실시하여야 하며 세근이 많은 것은 간장 70~80%, 세근이 적은 것은 간장과 동일한 길이로만 남기고 단근한다. 가급적 크기가 균일한 것만 모아서 이식하며, 이식 시 식재밀도는 양묘시업기준에 의한다. 이식은 가급적 식승 및 식판을 사용하여 묘간거리, 열간 거리를 맞추어 이식한다. 작업 시 뿌리의 건조를 방지하기 위하여 흙탕물 처리 및 묘목을 담는 용기를 사용한다. 이식혈은 묘목의 뿌리보다 넓고 깊게 수직으로 파고 이식할 때는 묘목의 뿌리가 구부러지지 않도록 주의한다. 간장이 큰 것은 상면 중앙부에 심고 작은 것은 양측 보도 변에 심는다.

바. 굴취

 묘목의 굴취는 가능한 가식기간을 줄이기 위하여 다음날 산출할 양만큼 또는 이식할 만큼 굴취 하는 것이 이상적이다.

(1) 굴취시기

낙엽수는 생장이 끝나고 낙엽이 완료된 후(11월~12월) 에 실시한다.

(2) 굴취요령

굴취기구는 예리한 것을 사용하며 가급적 깊이 파고 뿌리가 상하지 않도록 하며 비바람이 심할 때는 작업을 피한다.

(3) 선묘(묘목 고르기)

묘목 고르기 작업은 일광 및 바람이 통하지 않는 창고 또는 천막 내에서 실시한다. 선묘 작업요령은 각 수종 묘령별 규격에 대하여 합격 및 불합격으로 구분하며, 합격묘에 대하여는 간장의 크기에 따라 대 · 중 · 소로 구분한다.

(4) 결속

침엽수 이식용 본수는 속당 100본, 산출묘는 20본을 기준으로 묶으며 활엽수는 속당 10본을 기준으로 한다.

(5) 가식

가식장소는 건조하거나 물이 고이지 않고 배수가 잘되는 곳을 선정한다. 선묘 결속된 묘목은 즉시 가식하여야 하며 1일당 가식 본수를 동일하게 하여야 본수 파악이 용이하다. 낙엽수는 묘목 전체를 땅속에 묻어도 좋으나 상록수는 잎을 묻으면 안 된다.

(6) 포장

 묘목의 건조를 방지하기 위하여 뿌리에 흡수성수지(아쿠아킵)를 바르고 흡수성수지를 구하지 못할 경우는 물수세미를 뿌리 사이에 넣는다. 특히, 초두부가 큰 것은 부러지지 않도록 주의한다. 포장 당 무게는 20~30kg정도가 알맞고, 포장된 것은 그늘이나 창고 같은 곳에 넣어두거나 너무 높이 쌓지는 않는다.

사. 묘목관리
(1) 해가림

 해가림은 묘상의 건조와 지표온도의 상승을 방지하기 위하여 묘목을 강한 햇볕으로부터 보호하고 어린 묘목의 정상적인 생장을 위하여 인위적으로 햇볕을 차단하는 작업으로 음수 및 습윤지성 수종에 적합하며, 설치기간은 음수에서는 파종 후 곧 실시하며 9월 이후에 완전히 제거한다. 제거할 때에는 일시에 제거하지 말고 2주 전부터 가끔씩 열어주어 묘목을 어느 정도 경화시킨 다음 완전히 열어준다. 양수인 소나무도 30~50%의 차광망을 설치하는 것이 좋으며 종자 발아완료 후 1~2개월 후 점차적으로 제거하여야 한다. 아침, 저녁이나, 비오는 날 등 햇볕이 약할 때는 걷어주는 것이 좋다.

(2) 솎음(간인)

발아 후 묘목이 건전하게 생육하도록 적당한 생육공간이 필요하며, 적당한 생립밀도는 잎이 중복되지 않을 정도로 유지하는 것으로 너무 드물게 서 있어도 모판이 건조하게 된다. 소나무의 경우 2~3회 솎아내기를 실시한다. 발아가 완료된 후 밀집된 부분을 솎아내고 2회와 3회는 생존경쟁이 나타났을 때 열세묘를 솎아내고 우량묘를 고르게 남겨두며 7월 하순까지 ㎡당 600본 정도를 생립시킨다.

(3) 관수 및 배수

관수 및 배수 관리에 있어 가급적 보도관수를 실시한다. 보도관수가 어려울 경우는 스프링쿨러로 관수한다. 가뭄 시에 관수를 시작하면 충분한 강우가 내릴 때까지 계속한다. 일반적으로 관수시간은 아침과 저녁에 실시한다.

(4) 제초

잡초는 묘목이 흡수해야 할 수분과 양분을 흡수하고 햇볕을 차단하며 통풍을 나쁘게하여 묘목의 발육을 나쁘게하고 병해충을 발생하게 한다. 제초는 묘목관리의 가장 많은 비중을 차지하며 5월부터 9월까지 묘목생육에 장애가 되지않도록 수시로 실시하여야 한다.

(가) 인력제초

일반적으로 인력에 의한 제초는 호미를 사용하며 잡초는 적기에 뿌리까지 뽑아준다.

(나) 제초매트

인력에 의한 제초는 인력수급이 어려워 적기에 제초작업을 못하면 묘목에 피해를 주므로 제초작업의 생력화를 하기 위한 방편으로 제초매트를 개발하여 실험한 결과 좋은 결과를 얻었다. 5년 내지 6년 후에 조림용 묘목으로 수급할 거치묘는 경제적으로나 인력절감에서 큰 효과가 있는 것으로 조사되었다.

(다) 약제에 의한 제초

약제에 의한 토양 오염으로 현재에 와서는 많이 쓰이고 있지 않으나 참고적으로 설명하고자 한다. 제초작업 생력화 방안으로 산림과학원에서는 제초제를 시험 분석한 결과, Pendimetalin(Stomp), Zifop(Onecide), Oxyfluorfen(Goal)을 m^2당 제초제를 0.2㎖를 물 200㎖에 희석하여 사용한 결과 잡초방제 효과는 80~99.5%이었으며 적용수종은 이식상의 잣나무, 소나무, 자작나무, 해송, 리기테다소나무 등 이었다.

인력제초

제초매트에 의한 제초

(5) 월동관리

서리가 내릴 위험성이 있으므로 비음망이나 비닐 등으로 어린묘목을 덮어주어 예방한다.

짚덮기

비음망 덮기

방풍벽 설치

(6) 기타 피해 방지

양묘기간은 개개의 수종에 따라서 당년 또는 수년이 경과한 후에 완성된다.

따라서 묘목이 생산될 때까지의 경과기간 중에 필수적으로 시비 또는 보호 작업이 필요하게 되는데 묘목이 받는 피해의 형태 및 종류는 다양하므로 이에 대한 예방, 구제 등 보호조치의 수단 방법도 각각의 경우에 따라서 달리하여야 한다.

가해요인으로는 기상, 유해조류, 유해 소동물, 유해곤충, 유해균 등이 있으며 이것들의 피해에 따른 보호수단으로써 여러 가지 특수한 기계 또는 효과가 뛰어난 각종 화학약제가 보편적으로 활용되고 있다.

보호의 요체는 이미 피해현상이 발생된 후에 이를 조치하는 구제적인 면에서보다 사전 예방이 더욱 더 중요하다. 그러나 일단 피해가 발생된 후에는 그 구체적인 실태에 따라서 모든 수단을 강구하여 박멸에 노력하여야 하며 특히 병충해에 대해서는 구제 약품의 창안 또는 개발과 그 활용에 특별한 관심과 영구적인 노력이 경주되어야 할 것이다.

(가) 광선

광선은 식물의 탄소동화작용에 필요하며 식물의 생장에 없어서는 안될 중요한 인자이다. 묘목은 일조시간이 부족하게 되면 도장은 물론 연약해지며 병충해 혹은 한해등을 받기 쉽다. 흐린 날이나 안개가 빈번히 일어나면 묘목의 수광량을 제한하므로 고려되어야 할 점이며, 또 강우량이 많은 지방에서는 일반적으로 일조시간이 부족하게 된다. 식물에 일조가 부족하면 잎은 농록색을 띠고 생장도 불량하고 뿌리발육도 대단히 나쁘다. 광선이 더욱 부족하면 백화현상을 일으키는데 엽록부분이 황백색으로 변하고 동화기관은 병적이며, 절간도 이상적으로 신장하게 된다.

광선이 지나치게 강하면 일소현상이 나타나며, 동화작

용도 오히려 감소하여 잎은 황갈색으로 변하고 생장이 불량하게 된다. 그리고 묘목이 감수성이 강한 수종일 때에는 솎아주기를 과도하게 하면 간혹 고사하는 일이 있는데, 이것은 광선의 작용뿐만 아니라 수분도 지나치게 증발하는 것도 생각해야 하고, 또 광선이 있는 곳에는 항상 온열도 수반되기 때문에 온도가 그 원인이 될 수 있을 것이다. 그러나 광선이 그 원인의 중대한 일부분을 차지하는 것이다.

(나) 온도

발아의 최적온도는 21~25℃, 생육의 최적온도 18~20℃라고 한다. 특히 저온은 치명적인 해를 줄 때가 많으므로 각 수종의 특성을 잘 파악하여 대응책을 강구해야 한다.

1) 고온

수목은 수종의 묘목이 최적온도보다도 고온지역에서 양묘하면 묘목이 도장되거나 정상적인 생육이 늦어진다. 또 병충해의 번식이 많아지는 경우가 많다(잣나무・낙엽송). 또한 파종작업이 종자발아와 생육이 늦어지고, 7월경 아직 체내가 충실하지 못할때 30℃의 고온이 수일간 계속되면 묘목이 지표부분에서 넘어져서 흡사 모잘록병에 걸린 증상으로 보이기도 한다.

그러므로 파종은 적온하에 가급적 빨리 실시하고, 흐린

날이나 조석에는 해가림의 발을 걷어 주어서 묘목을 건전하게 해야 하며, 건조하고 고온일 때는 해가림을 그대로 덮어두고 묘목이 건조하지 않도록 주의해야한다.

2) 저온

저온에 의하여 받는 묘목의 피해는 한해와 냉해가 있다. 한해란 것은 기온이 0℃이하로 떨어졌을 때에 묘목이 받는 피해를 말하는 것이고, 냉해는 묘목의 생육상 고온을 요하는 여름철에 조직내에 결빙이 일어나지 않을 정도의 저온이 비교적 장기간 계속될 때에 받게 되는 현상을 말한다. 여기에서 저온이라 함은 묘포의 보호상 빙점 이하의 저온의 원인에 의하여 묘목이 입는 모든 피해를 가리켜서 한해라고 칭한다. 한해를 피해발생의 원인이 되는 저온의 정도에 따라 이를 동해와 상해 및 설해 등으로 구분할 때도 있다. 저온의 원인으로 일어나는 묘목의 피해구조에 대한 분류법은 학자에 따라 견해의 차이가 있다. 「坡口勝美」에 의하면 피해를 기상조건과 기상의 발생 계절에 의하여 분류하였다.

- 기상조건에 의한 분류

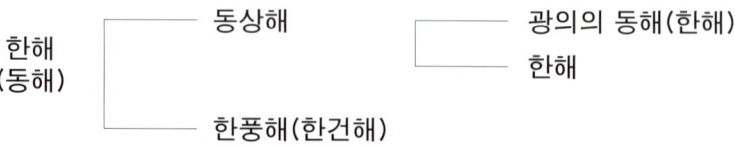

- 기상의 발생계절에 의한 분류

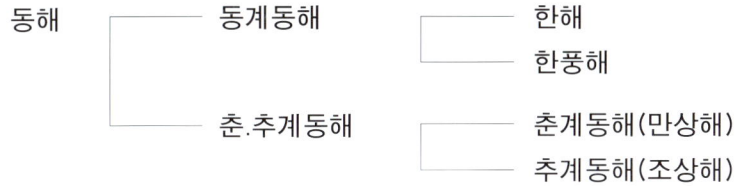

그러나 묘포에서 일어나는 동해는 주로 동해와 상해가 심한 편이다. 동해는 주로 낙엽이 시작되어 이듬해 봄 발아할 때까지의 동계에 발생하고, 상해는 춘계에 파종상의 발아가 시작되고 또 신아가 발생할 때와 추계 낙엽수의 잎이 떨어지기 전 즉, 생육이 완전히 끝나지 않았을 때 저온으로 인하여 받는 피해를 말한다.

(다) 습도

공기의 과습이나 토양내의 수분과다가 묘목생장 장애의 원인으로 나타난다.

- 공기가 과습하면 증산작용이 방해되어 뿌리로부터 무기양분의 상승량이 적어지고 동화작용도 활발하지 못하여 성장을 크게 저해한다.
- 공기 내 부유하는 유해 균류의 증식, 전염하는 것을 도외서 묘목에 병해를 유발한다.
- 토양의 과습은 토양 내의 산소량이 적고 호흡근의 기능도 저하되고 그 때문에 묘근이 부패해서 고사하는

일이 흔히 발생한다.

- 배수가 나쁜 토양에 강우량이 심하면 과습을 일으키게되어 양묘사업을 포기해야 될 극단적인 경우도 생긴다. 그러므로 배수를 철저히 하거나 통기가 잘되는 토양에 묘포지를 옮겨야 한다.

3. 시설양묘

가. 시설양묘의 배경

 시설양묘(Container Tree Seedling)는 시설내에서 묘목의 생육단계별로 온도, 광, 수분, 시비, 일장 등을 조절하여 최적의 생육환경에서 우량 묘목을 단기간에 대량생산 하는 양묘방법을 말한다. 시설양묘는 고위도지방(미국, 캐나다, 북유럽)에서 양묘기간을 단축하기 위하여 시작되었다. 오늘날 시설양묘을 이용한 묘목생산이 세계 각지에서 이루어지고 있으며, 더욱 널리 증가하는 추세이다.

국내에서 대규모로 용기묘를 생산하여 조림하게 된 계기는 1996년과 2000년 동해안 지역에 발생한 대규모 산불피해 지역의 피해복구로 소나무 용기묘가 이용된 것이다. 2002년부터는 부가가치가 높은 유용 활엽수 중 직근성 수종인 상수리나무 용기묘를 생산하여 조림하였으며, 시설양묘로 생산되는 용기묘의 뛰어난 조림 활착률 및 생장은 이미 현지 실연사업을 통하여 입증되었다. 산림청에서는 이와 같이 유용한 활엽수종을 민유림에 조림하기 위하여 시설양묘에 대한 정책적, 경제적인 지원을 하고 있으며, 매년 양묘사업의 경쟁력 강화 및 시실양묘를 확대·실행하기 위하여 2004년끼지 관정시설 62공(대형 31, 중형 31), 비닐온실(47동, 220평/동)을 지원하였고 앞으로도 계속 지원할 것으로 본다. 시설양묘는 우량 묘목을 단기간 내에 대량 생산하여 현지에 시기를 조절하여 조림을 실시하므로 조림활착률 향상 및 양묘산업 활성화에 크게 기여할 것이다.

나. 시설 온실설치
(1) 온실의 입지조건

온실을 설치할 입지를 선정하는 데 있어 주변 환경, 토양, 수질 그리고 노동력 공급을 신중히 고려하여야 할 것이다. 시설의 위치는 우선 도로로부터 가까워서 통행하기 편리한 곳이 좋다. 전기와 물을 쉽게 공급받을 수 있는 위치에 있어야 초기비용이 절감되며, 묘목을 생산하는 데에는 대량의 물을 필요하기 때문에 양질의 물의 공급이 절대적으로 필요하다.

온실은 길이가 길고 배수가 잘되는 땅에 세우는 것이 편익성이 높다. 지하수위가 높은 곳은 피해야 하며, 공기가 맑고 표면배수가 잘되는 곳이어야 한다. 나무, 건물 또는 온실의 일부를 그늘지게 하는 장애물이 있는 곳, 암석 등이 무너져 내릴 위험이 있는 곳은 피해야 한다.

온실방향은 남북방향으로 길게 배치하고 온실이 여러 동일 경우 각 동을 충분히 떨어뜨려 배치하는 것이 좋다.

(2) 온실종류

우리나라는 온실형태 및 생육환경조절에 따라 일반적으로 전자동, 반자동, 최소 시설양묘(비닐하우스) 세 가지로 구분된다. 전자동 시설양묘는 연곡과 용문양묘사업소의 유리온실처럼 생육환경조절을 전자동으로 제어하고, 준자동 시설양묘는 현재 양묘협회 회원들이 실행중인 비닐온실에서 부분적으로 생육환경을 제어하며, 최소 시설양묘는 야외에서 최소한의 시설(관수, 묘목받침대 등)을 가지고 실시하는 방법을 말한다.

우리나라는 고위도지방에 비하여 생육기간이 길고 사계절이 뚜렷하여 현재 소나무와 상수리나무 시설양묘는 비닐온실(농가지도형 비닐하우스 J형)에서 이루어지며, 이는 반자동 시설양묘에 속한다. 따라서 보다 노동력을 줄일 수 있는 시설체계 특히 생육환경을 제어할 수 있는 관수, 시비 및 환기를 자동제어 할 수 있는 시스템에 보다 신경을 기울일 필요가 있다. 그리고 온실을 인위적으로 제어하는 양묘자는 그만큼의 경험과 기술 그리고 노력이 필요하다 하겠다.

비닐온실 사양기준은 길이 $97 \times$ 폭 $7.5 \times$ 높이 $3.9m$로 면적이 $728m^2$(220평)이다. 이 온실은 지붕이 곡면으로 되어 있어 내풍성이 크며 광선이 고르게 입사하고, 비닐이 골격에 밀착하기 때문에 바람에 의한 움직임이 적어 덜 파손되는 이점이 있다. 그러나 구조상으로 환기창을 설치하기 곤란하여 출입문을 열거나 측면을 올려 환기하게 되는데, 환기능률이 나쁘므로 여름철 고온에 의한 묘목피해가 일어나기 쉽고, 적설량이 많을 때에는 골격이 하중을 이겨내지 못하고 무너지기 쉬운 단점이 있다.

고온에 의한 피해는 온실부지와 묘목생산량을 고려하여 온실 길이를 조정하여 온실 2동(길이 50m 정도)으로 만들거나 온실 지붕에 천장을 설치하여 어느 정도 해결할 수 있다. 그리고 강풍과 폭설이 우려되는 지역에는 온실의 구조를 강화하여야 할 것이다.

(3) 용기받침대

시설 양묘시 용기를 놓을 수 있는 용기받침대가 필요하다. 용기받침대는 용기 내에서 자란 뿌리가 공기단근이 자연스럽게 이루어지도록 설계되어 용기 내에서 뿌리발달을 촉진시키게 되어 있고, 묘목을 용기에서 분리하기 쉽다. 받침대 바닥은 물이 고이지 않게 배수가 잘되어야 하며 공기의 유동이 자연스러워야 한다.

온실 내에서 육묘공간을 최대한으로 이용하기 위해서는 육묘상 밑에 롤러를 설치하여 육묘상이 움직일 수 있게 만드는 좌우이동형 육묘받침대로 설계할 필요가 있다.

한 예로 현재 비닐온실의 사양기준(길이 97×폭 7.5×높이 3.9m)에 근거하여 작업의 편리성과 생산성을 고려하여 용기받침대 기준으로 계산을 하면 다음과 같다.

용기받침대를 폭 1.6m, 길이 30m로 설계하면 온실 내에 용기받침대를 12개를 배치할 수 있다. 받침대에 플라스틱 40혈 용기 배치는 가로(44㎝) 3개와 세로 1개를 놓을 수 있으며, 육묘면적은 79%(576㎡)로 약 180,000본을 양묘하여 153,000본을 득묘 할 수 있을 것이다. 이 경우에는 육묘상 받침대가 폭이 1.2m가 되기 때문에 온실폭(7.5m)에서 4.8m를 차지하므로 통로(5개) 폭은 2.7m이다. 폭은 중앙통로(1개) 0.7m, 보조통로(4개) 0.5m가 적정할 것이다.

좌우이동형 용기받침대는 폭 넓이에 따라 다양하게 설계·제작할 수 있다. 용기 받침대는 묘목생산과 시업과정에 아주 밀접한 관계가 있으므로 보다 자세한 내역결정은 시설양묘 관계자와 협의를 거쳐 신중히 결정하여야 할 것이다.

〈표 2〉 용기받침대(좌우이동형)

구 분	규 격
육묘상	폭 1.6m, 길이 30m
받침대	폭 1.2m, 높이 60~70cm(용접 각재파이프 또는 파이프 Ø 32mm 이상)
롤러	파이프 Ø 32mm 이상, 길이 30m, 손잡이 부착

용기받침대 높이는 지면에서 60~80㎝ 정도 위에 용기가 놓이도록 높이를 조절하여 작업자가 허리를 굽히지 않고 작업을 하도록 하여 작업자의 피로를 줄여야 할 것이며 현지 양묘에 종사하는 작업자의 성과 연령을 고려하면 60~70㎝가 무

용기받침대 고정식 　　　　　　용기받침대 이동식

난할 것으로 보인다.

육묘상은 통풍과 배수가 잘되도록 굵은 철사 만드는 것이 좋으며, 부식 방지처리가 당연히 되어야 한다. 굵은 철사는 마무리처리를 하여 양묘 작업자가 작업 시 신체에 손상을 입히는 일이 없어야할 것이다.

(4) 관수 및 시비시설

온실 내에서 우량한 고품질의 묘목을 생산하기 위해서는 반드시 관수 및 시비시설을 설치하여야 한다. 미스트는 전체적으로 고르게 살수할 수 있도록 노즐의 수와 거리는 적절하게 조절되어야 한다.

2002년에 설치한 관수시설을 보면 상수리나무 생육면적 전부위에 물이 필요한 시간에 균일하게 공급하여야 하는데 대체적으로 물탱크의 용량(3,000ℓ)이 충분하지 않아 비닐온실 전지역을 동시에 관수하지 못한 것으로 알고 있다. 따라서 비닐온실 길이를 97m로 할 때 온실 앞, 뒤로 물탱크(3,000ℓ)와 모터가 각각 필요하고, 비닐온실 길이 50m가 2동 일 경우에도 한 동에서 보다 큰 용량의 물탱크(5,000ℓ)를 설치하여야 하고 이에 적합한 모터를 선택하여야 한다. 그리고 무엇보다도 관정에서 물이 자동으로 물탱크에 들어갈 수 있게 계획하여야 한다. 그리고 물탱크 외부에 수위표시계를 달아 물 용량을 확인할 수 있어야 한다.

시비시설은 관수 시 수압에 의하여 액비가 자동으로 혼합하는 시설을 갖추어야 할 것이며, 현실적으로 반자동시스템(자동양액조절기, 액비공급용 수압펌프)을 갖추는 것이 경제적일 것이다. 또한 관수시설을 설치할 때는 생육단계와 생육 환경에 적합하게 자동으로 관수할 수 있는 컨트롤박스(자동타

관수 및 시비시설

이머장치 등)가 있어야 인력 손실과 고온에 인한 피해를 미연에 방지할 수 있을 것이다.

(5) 냉방시설

 사계절이 뚜렷한 기후조건인 우리나라에서는 여름철 고온이 묘목생육 제한요인 중에 하나이다. 여름철 고온에 의한 피해를 방지하기 위해서는 실내관수에 의한 냉방, 온실차광, 스프링쿨러에 의한 지붕살수를 들 수 있다.
소나무는 비교적 고온에 대한 내성을 지니고 있어 여름철에 차광망(광차단 30% 정도의 비음망)을 설치하고 실내관수를 수시로 실시하면 큰 문제는 없을 것으로 사료된다.

(6) 경화처리대

 온실 안에서 자란 묘목은 자라는데 가장 좋은 조건에서만 자라왔기 때문에 온실 밖으로 나오게 되면 혹독한 외부의 조건에 견디지 못하기 때문에 죽을 위험이 높다. 그러므로 온실에서 키운 묘목은 외부의 환경에 적응하여 살아갈 수 있는 적응

원주 시설온실 전경

차광망

기간이 필요한데 이렇게 외부환경에 적응할 수 있도록 하는 과정을 경화처리라 한다. 경화처리는 온실과는 달리 좋은 자재를 사용할 필요가 없고 철재파이프나 각목 등을 사용하여 용기설치대를 설치하여 뿌리가 땅속으로 자라지 못하게 하여야 한다.

다. 육묘자재

(1) 용기

임업용 용기묘가 조림된 후 활착하고 즉시 생장할 수 있는 능력은 용기묘의 뿌리능력에 절대적으로 좌우된다. 용기묘가 조림지에서 생존하고 생육하는 것은 식재 즉시 새로운 뿌리를 내릴 수 있는 뿌리의 생장 가능성과 식재한 주변토양과 밀접한 관계가 있다고 한다. 이와 같이 뿌리발달의 중요성에 따라 시설양묘를 하는 데 있어서 뿌리생장을 촉진시키고 산지 식재 시 뿌리를 보호할 수 있는 형태로 용기들이 제작 설계되었다.

현재 우리나라에서 사용하고 있는 임업용 용기는 Styrofoam block 2종(침·활엽수용)과 플라스틱 용기 4종(침·활엽수용)이 있다. 현재 상수리나무 용기묘 생산용 용기는 플라스틱 15혈, 24혈 용기를 혼합 사용한다. 15혈 용기는 각 혈의 내부에 6개의 홈(높이 2㎜× 너비 0.6㎜)이 수직으로 있고 맨 아래 부분의 큰 배수구멍(ϕ 3.0㎝)은 뿌리가 공기에 노출되어 단근하도록 되어 있고 24혈 용기는 각혈별 내부융기선 4개와 개구선 8개(크기 2× 2× 100㎜, 3㎜)가 수직으로 있으며 혈 상부 ϕ 60㎜, 하부 ϕ 45㎜로서 개구선 및 배수구멍에서 뿌리가 자동 공기에 노출되어 단근되도록 설계되었다.

본 연구실에서는 용기묘가 조림 즉시 활착하여 생장하는데 장애가 되고 있는 용기 내에 발생하는 나선형 뿌리를 방지하고 세근발달을 촉진시킬 수 있는 24혈 용기가 2003년에 개발되었고, 2006년에 셀분리형 24혈 용기와 35혈용기를 새로 개발하여 보급하고 있으며, 앞으로 우리나라 실정에 적합하고 경제적이며, 여러 수종에 적합한 새로운 용기를 개발 하는데 있어 재료, 형태, 적정크기, 생육상토, 생육환경 및 생육기간을 포함한 많은 인자에 대한 연구도 함께 이루어지고 있다.

〈표3〉 소나무 시설양묘용 플라스틱 용기(Rootrainer)

구 분	104혈	40혈	35혈
용도	소나무(침엽수용)	소나무(침엽수용)	소나무(침엽수용)
크기	W43 X D27 X H10cm	W42 X D27 X H16cm	W44 X D30 X H16cm
용기용적	5.2ℓ	10.0ℓ	8.2ℓ
혈의용적	50㎖	250㎖	234㎖
혈의형태	사각형	사각형	원형
혈의개수	104개	40개	35개
혈의크기	Ø30mm X Ø30mm X H10cm	Ø47mm X Ø47mm X H16cm	Ø50mm X Ø35mm X H16cm

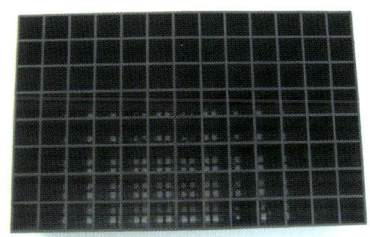

104혈 용기평면

104혈 용기측면

40혈 용기평면

40혈 용기측면

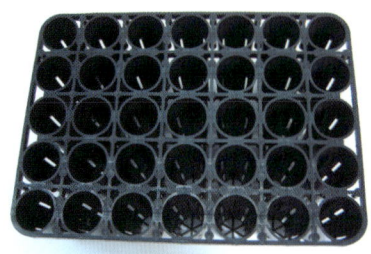
35혈 용기평면

35혈 용기측면

시설양묘용 소나무 용기종류

〈 표4 〉 활엽수 시설양묘용 플라스틱 용기(Rootrainer)

용기구분	셀분리형 24혈 용기	플라스틱 15혈 용기	플라스틱 24혈 용기
용도	활엽수용	상수리나무(활엽수용)	상수리나무(활엽수용)
크기	W44 X D28 X H15cm	W44 X D27 X H14cm	W41 X D27 X H16cm
용기용적	7.6ℓ	5.25ℓ	8.4ℓ
혈의용적	316㎖	350㎖	350㎖
혈의형태	원형	원형	원형
혈의개수	24개	15개	24개
혈의크기	Ø60mm X Ø42mm X H15cm	Ø75mm X Ø35mm X H14cm	Ø60mm X Ø45mm X H16cm

셀분리형 24혈 용기평면

셀분리형 24혈 용기측면

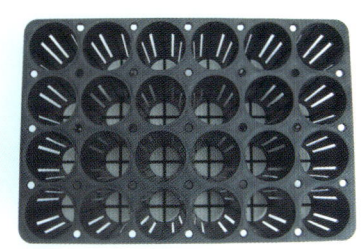
24혈 용기평면

24혈 용기측면

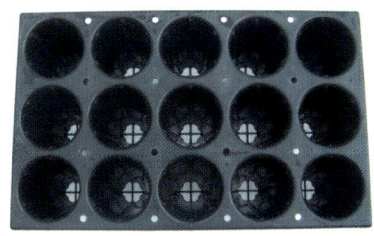
15혈 용기평면

15혈 용기측면

활엽수용 시설양묘용 용기종류

(2) 상토

 시설양묘는 용기 내부에 식물의 생육에 적합한 육묘용 상토를 인위적으로 만들어 용기를 채우고 파종을 하게 된다. 따라서 상토의 종류는 식물의 생육에 매우 중요한 요인이 된다. 산림과학원에서 제시하여 가장 많이 사용되고 있는 상토는 피트모스, 펄라이트, 질석을 1:1:1 비율로(용적기준) 골고루 섞어서 사용한다(이 상토는 비료성분이 거의 없으므로 반드시 시비를 한다). 하지만 최근 일부 지역에서 사용하고 있는 유기질이 혼합되어 원예용 상토는 시설양묘용으로는 수종에 따라 부적합한 것으로 밝혀지고 있어 상토 선정 시 유의하여야 한다. 특히 소나무는 검증되지 않은 원예용 상토를 사용할 경우 과습, 영양불균형 등에 의한 심한 생장장애를 일으키므로 가능한한 산림과학원에서 제시한 상토를 사용하여야 한다.

〈피트모스〉   〈펄라이트〉   〈질석〉   〈파워믹스〉

시설양묘용 상토종류

(3) 종자

건전한 묘목을 생산하기 위해서는 우량한 종자의 확보가 최우선적으로 선행하여야 하므로 종자의 품질을 향상시키는 것은 무엇보다도 중요한 일이다. 종자의 채취·정선·저장·발아과정이 순조롭게 실행되면 묘목생육관리가 비교적 손쉽게 이루어진다.

라. 시설양묘시업

(1) 종자전처리

건전한 묘목을 생산하기 위해서는 우량한 종자의 확보가 최우선적으로 선행되어야 하므로 종자의 품질을 향상시키는 것은 무엇보다도 중요한 일이다.

소나무 종자는 파종하기 전에 깨끗한 물에 1~2일 정도 침수하여 종자의 정선과 발아촉진처리를 실시하여야 한다. 상수리나무와 같은 대립종자는 종자의 채취·정선·저장·발아가 제대로 이루어진다면 묘목생육관리가 비교적 쉽게 이루어질 수 있는 수종이다.

상수리나무 종자는 채취 즉시 이류화탄소(CS_2)로 24시간 훈증처리를 하고, 깨끗한 지하수에 2일간 종자를 침수하여 살충과 수선을 겸하여 실시한다. 그리고 종자저장은 건사와 종자를 혼합하여 낮은 온도(2~5℃)에서 마르지 않도록 보관하며, 파종 1개월 전에 종자와 젖은 모래를 1:3의 비율로 혼합하여 습사저온처리를 실시하여 종자발아를 촉진한다. 종자파종 시 유근이 막 발아하기 시작하는 것을 사용하는 것이 작업상 편리하며 유시 생장에 있어 단기간 내에 골고루 생장하여 불량묘목의 비율을 최소화 할 수 있다.

(2) 육묘용 상토 조제 및 채우기

상토는 피트모스, 펄라이트, 질석을 1:1:1(용적기준)의 혼합 비율로 골고루 비벼서 사용한다. 이때 물과 충분히 혼합하여 사용하면 작업이 손쉽고 용기에 담기 쉽다. 혼합한 상토를 용기에 담을 때 충분히 담은 후 지면에서 15㎝ 정도로 들어 가볍게 내려친 후 다시 상토를 다시 담는다.

용기에 상토 채우기를 할 때 상토소요량은 작업 시 손실량을 고려하여 용기용적의 3~5%를 증량하여야 한다.

〈피스모트 : 펄라이트 : 질석〉

〈물뿌리기〉

〈상토 채우기 전경〉

〈상토 채우기 근경〉

육묘용 상토조제 및 채우기

(3) 파종 및 복토

종자파종은 3월하순부터 4월 중에 인력이나 종자파종기를 이용하여 파종하며 소나무의 경우 혈당 2~3립씩 파종을 실시한다. 활엽수의 파종은 충분히 발아촉진 처리를 한 후 실시하여야 한다. 상수리나무는 유근이 나오기 시작한 충실한 종자를 유근이 아래로 향하게 가볍게 상토에 눌러 약 1㎝ 깊이로 파종한다. 유근이 1~2㎝ 나온 것은 상토를 손가락으로 살짝 누른 후 유근이 손상을 입지 않게 파종한다. 복토는 조제한 상토를 사용하거나 질석으로 한다. 종자발아 초기에 습한 온실 내에서의 병충해 발생을 예방하기 위하여 살균제인 다찌가렌 1,000배액을 1개월간(1회/주) 충분히 살포한다.

※ 유근이 너무 크게 자라면 파종 및 생육에 지장을 초래하고 고사율이 높다.

(4) 용기 늘어놓기

파종한 용기는 받침대 위에 배치할 때 용기 밑부분을 끌어 아래 부분에서 상토가 새어나가지 않게 작업에 주의한다.

(5) 솎아내기 및 보식

용기의 발아상태에 따라 묘목을 1혈당 1본이 되게 솎아내기와 이식을 하여 본수를 조절한다. 이식하기 적절한 시기는 종자 발아 후 본엽이 나오기 전이며 이때는 세근이 분화되기 전으로 아주 활착이 잘된다. 유묘 옮겨심기가 끝나면 이식한 묘목은 뿌리활착 전에 미약하여질 수 있어 살균제인 다찌가렌 1,000배액을 충분히 뿌려주어 병의 발생을 예방한다.
본수조절은 종자 저장·발아·파종에 만전을 기하면 본수조절에 소요되는 노동력을 절감할 수 있다. 그리고 종자파종을 실시한 후 남은 종자는 본수조절을 대비하여 삽목상과 같은 상자에 충분히 파종한다.

본수 조절

(6) 관수

관수는 주 2~3회 정도, ㎡당 16~20ℓ 정로 충분이 관수하는 것이 기본이나, 온실의 위치 및 환기조건, 온도, 햇볕, 바람 등 기상환경 조건에 따라 관수량 및 횟수는 가감되어야 하며, 특히 상토의 종류와 수종에 따라서도 관수량을 적절히 조절하여야 한다. 또한 생육단계 및 시기 등에 따라 수분 요구량이 다르므로 양묘자가 주의하여 충분한 관수가 되도록 하여야한다. 소나무는 유묘일 때 과습에 의한 피해 발생우려가 있으므로 주의하여야 한다. 상수리나무는 발아초기 단계에는 종자가 자체양분을 가지고 있으므로 상배축이 나오기 전에는 과다한 관수로 인하여 종자가 썩지 않게 하여야 한다. 용기 내 상토는 한번 건조하면 관수에 어려움이 많으므로 건조하지 않도록 주의한다.

육묘 시 하우스 가장자리가 쉽게 건조하므로 가끔 인력관수를 실시하여야 한다. 또한 상수리나무 묘목이 자라면 잎이 무성하여져 미스트만으로는 충분히 물이 용기에 들어가지 못하는 경우도 있으므로 가끔 인력으로 용기 전체에 물이 고르게 관수될 수 있도록 하여야 한다.

시설온실 자동관주기 사용

비닐온실 자동관수

(7) 시비

일반적으로 시비는 관수를 겸하여 실시하며 Hyponex(2,000배액)와 BS그린(1,000배액)과 같은 수용성비료를 주 1회 번갈아 시비를 하여 왔으나 현재에는 멀티피드 19를 생육초기 1달은 2000배액과 생육기 3달은 1000배액을 주 2~3회 시비를 실시한다. 그러나 목적으로 하는 묘목의 크기와 규격에 따라 시비량과 성분함량의 조절이 필요하며 수종에 따른 성분별 시비량은 앞으로 연구하여야 할 과제이다.

〈 Hyponex 〉　　　　〈 BS 그린 〉　　　　〈 멀티피드 19 〉

수용성 비료종류

※ 금지사항 : 일반 비료 살포 금지

(8) 생육환경조절

 비닐온실 온도는 15~30℃로 조절하고 광도 및 광주기는 자연처리 한다. 여름철부터는 한낮에도 외부의 온도가 30℃를 넘기 때문에 온실의 측창을 열고 환기팬을 가동하여 통풍을 시켜준다. 고온에 의한 용기묘의 피해를 피하기 위해 여름철부터는 차광망(광차단 30% 정도의 비음망)을 설치하고 수시로 실내관수를 실시한다.

(9) 월동관리

 소나무용기묘의 겨울철 월동관리는 중부와 남부지방에 따라 차이가 있으며 중부지방에서는 용기를 1/3정도 지면에 묻고 낙엽 등으로 피복하거나 방풍벽을 설치하여야 한다. 남부지방에서는 용기를 온실바닥이나 지면에 내려놓으면 된다. 겨울철 월동관리에서 특히 주의하여야 할 사항은 관수이다. 겨울철에는 용기묘에 최소한의 수분공급이 필요하며 따라서 반드시 관수를 실시하여야 한다. 관수는 외부 환경조건에 따라 다르며 용기내 상토의 수분조건을 고려하여 1~2주에 1회 이상 실시하여야 한다.

(10) 경화처리

종자 파종 후 4개월간 육묘한 묘목을 야외에서 1개월간 이동하여 자연환경에서 잘 생육할 수 있게 적응시킨다. 이때 용기는 지면에 닿지 않는 용기설치대에 배치하며 관수는 주 2~3 회 정도 충분히 실시하고 시비는 하지 않는다.

소나무 경화처리

마. 용기묘 운반 및 식재

(1) 소나무 용기묘 운반 및 식재

- 대운반 : 12톤 트럭을 이용하여 조림지 인근의 대로변까지 용기묘를 운반(72,000본/1대)
- 중운반 : 대운반 트럭에서 1톤이하 트럭을 이용하여 조림

지까지 용기묘 운반

- 소운반 : 개인의 등짐이나 일정도구를 이용하여 조림현지까지 묘판을 운반함
- 식 재 : 개인이 소운반으로 운반한 묘목을 가지고 다니며 용기묘 식재기를 이용하여 조림한다
- 조림 시 주의 사항 : 용기묘를 일반묘목과 같이 취급하여 발로 꼭꼭 밟아주면 뿌리부분이 깨어지므로 공기가 못들어가도록 손으로 살며시 눌러주는 것이 효과적이다

소나무 대운반, 중운반, 소운반, 식재과정

소나무용기묘 식재전경

소나무용기묘 식재근경

<부록>

소나무 2-0 용기묘 생육일정

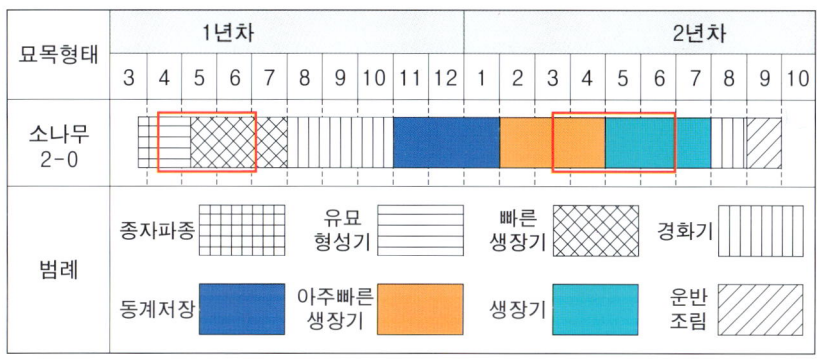

※ 생육일정은 지역 및 양묘·조림시기에 따라 조정될 수 있으며, 붉은선은 반드시 실시해야할 시비시기임.

소나무(2-0) 용기묘 생장패턴

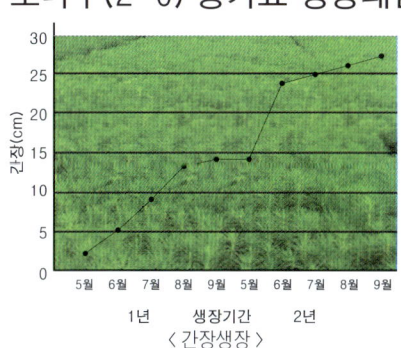

< 간장생장 >

< 근원경 생장 >

제3장
수형만들기

제3장 수형만들기

　수목의 형태는 수관의 외곽선과 가지의 형태, 생장습성에 의하여 결정된다. 모든 나무들은 정상적인 생장 조건에서는 수종에 따라서 각각의 특징적인 형상을 나타나게 되며 나무의 자람세와 성숙정도에 따라서 차이가 있다. 그러므로 소나무의 경우, 조경설계를 디자인 할 때는 성숙목 고유의 형태를 예측하여 전지전정으로 수형을 아름답게 만들어야 한다. 특히 소나무의 수형은 둥근형, 타원형, 원추형, 피라밋형, 꽃병형, 처진형, 포복형 등이 있으며, 공원 등 식재지에 따라 적절한 수형을 조절하여 식재를 고려해야 한다. 이러한 소나무의 수형은 오랜 세월 속에 걸쳐 선인들의 탐구 속에서 구성되어 왔는데 얼핏 보면 아무런 변화도 없이 전수 되어온 것 같지만 시대에 따라 많은 변화가 내재 되어 있다.

　그 배경에는 소나무의 미(美) 의식에 변화가 있었던 것은 말할 것도 없고 우리나라 사람의 마음속에는 소나무가 항상 있으며 소나무 수형에 대한 관심이 증가됨과 더불어 '소나무 문화'라는 새로운 분야가 생기게 되었다.

1. 소나무 수형의 종류 및 해설

 수목이 자연 그대로 자란 수형을 조경수로 이용하는 수도 많으나, 실제로 식재한 후에 매년 인공적으로 수형을 다듬어 주지 않는다면 모양이 단정하지 못하다. 소나무가 자연적으로 만들어진 수형이 아무리 아름답고 훌륭하다고 해도 소나무 자체가 생물체이므로 정원에 옮겨 심은 후에 원하지 않는 새 순과 가지들이 생겨 이식 당시 본래의 아름다웠던 수형을 그대로 유지하기가 어렵다. 따라서 필요에 따라 적당히 순을 치거나 가지치기 등 정지전정을 해야 하고 생장억제와 유인 등의 조작을 통하여 소나무의 아름다움을 보유할 수 있도록 노력해야 한다. 이와 같이 조경용 소나무는 보다 관상적인 가치를 높이기 위하여 인위적으로 만든 수형인 인위형과 자연적인 상태의 그대로 생장한 수형인 자연형으로 크게 구분될 수 있다.

1) 수형의 종류

　(1) 정　형(整刑) : 주상형, 원형, 우산형, 원추형, 난형, 배형 등 수관이 고르게 균형이 잡혀있는 수형이다.
　(2) 부정형(不整刑) : 수관의 형태가 불균형 하게 파생되어 전후좌우가 불규칙한 모양으로 자연상태에서 자라는 수형이다.

(3) 예삭형(刈削刑) : 지엽을 전정해서 수관의 형태를 기물이나 동물과 같은 모양을 띠는 수형이다.
(4) 직간형(直幹刑) : 주로 교목성 수종에서 수관이 곧게 자라는 형태이다.
(5) 곡간형(曲幹刑) : 수간이 구불구불하게 뻗은 형태이다.
(6) 부정형(不整刑) : 주관과 주지의 형태가 불규칙하면서 구분되어 있지 않는 형태이다.

2) 수형해설
(1) 직간

하나의 곧은 줄기가 위로 솟은 나무로 하부에서 상부로 올라 감에 따라 자연스럽게 가늘어지고 가지도 순서 있게 좌우전후로 엇갈려 뻗은 모양의 수형이다.

직간형 단간

직간

(2) 곡간(굽은 간)

줄기에 곡선이 있고 가지도 줄기와 균형을 이루어 전후좌우로 엇갈려 구불구불하게 자라는 것으로 많은 사람들이 좋아하는 수형이다. 곡간은 하부의 지면에서부터 상부의 정단부까지 좌우로 고루 굽어야 한다. 가지는 구부러진 부위에서 나와야 하며 1지와 2지 또는 3지의 위에서부터 전후 가지를 짧게 둔다.

곡간

(3) 사간(한쪽으로 굽은 간)

사간은 한쪽으로 가지가 치우쳐 굽어진 형태를 말하는 것으로 한쪽으로 비스듬히 누워서 식재한 부분에 여백이 있어 매우 시원한 감을 준다. 특히 예술인들이 선호하는 수종이지만 가지배치에 어려움이 있는 수형이다.

사간

(4) 현애

 고산지대의 높은 벼랑에 늘어져 생장하고 있는 형태를 묘사한 것으로 어린묘목 때 부터 밑 부분 가지를 곡을 주어 늘어지게 아래로 뻗어서 자라는 수형이다.

현애

(5) 쌍간

 같은 뿌리 밑부터 두 갈래로 균형감 있게 안정적으로 갈라져 자라는 수형으로 두 가지 중 한 가지는 크고 굵어야 하며 같은 방향으로 윗가지도 같이 자라게 하여 의좋게 보이게 하는 수형이다.

쌍간

(6) 삼간

가지와 줄기가 세 갈래로 자라는 수형으로 세 가지가 서로 비슷하게 생장을 하여 안정감이 있어야 한다.

삼간

(7) 모아심기(군식)

 여러 그루의 크고 작은 나무를 일정하거나 불규칙한 간격으로 식재하여 자연스러운 작은 숲을 조성한 느낌을 주는 형태로 나무의 본수를 7본 또는 9본, 11본 등 홀수로 식재하며 작은 소나무는 바깥쪽으로 심고 큰 나무는 중앙으로 심어 전체 수관의 형태가 우산형처럼 안정감이 되도록 한다.

소나무 군식

(8) 부정형

주간과 주지의 형태가 불규칙하게 자연 상태로 자라는 수형이다.

소나무 부정형

3) 수관 모양에 따른 수형

수관(Crown)은 가지의 분지분포에 따라서 형태가 만들어지는 수형의 윤곽을 말하며, 중앙에서 간축선이 가지의 분지각과 길이에 따라서 정해지므로 가지의 많고 적음이나 소밀에는 관계가 없다.

(1) 삼지형

밑가지가 3가지로 수관을 이루게 하여 안정감이 있게 가지를 배열하여 수형을 만든다.

삼지형

(2) 우산형

나무의 수관이 우산모양처럼 항상 질서 정연하게 가지를 배열되도록 하여 아름답고 안정감을 주는 수형이다.

우산형

(3) 총간형

총간은 나무의 밑둥지로부터 여러 개의 가지가 생기는 성질로 나타나는 것으로 나무의 가지가 5갈래 이상 가지가 나오는 것을 말한다(반송).

총간형

(4) 와룡형

가지의 배열이 용트림처럼 자라는 수형으로 수고가 높지 않고 2m미만으로 가지가 밑으로 뻗은 수형이다.

와룡형

(5) 처진형

 가지가 아래로 처지는 수형으로 보는 이들에게 안정감을 주는 수형이다.

처진형

(6) 계단형

인공적으로 층계를 만드는 수형으로 위로 갈수록 좁게 만들어 전체 수관형태가 삼각형이 되도록 하여 안정감을 주는 형태로 일반적으로 정원에서 많이 이용되는 수형이다.

계단형

계단형

(7) 원형

수형이 공처럼 원모양으로 가지배열, 가지치기, 잎 따기 등을 통하여 유도되는 수형이다.

원형

(8) 원추형

 수관이 뾰족하게 긴 삼각형으로 자라는 수형으로 가로수, 울타리용, 정원에서 적합한 원추형 수형이다.

좌-자연형, 우-인공형

(9) 포복형

줄기가 지표면과 나란히 자라는 수형으로 수관이 지면에 펼쳐지거나 누워있는 형태로 마치 땅으로 기는 듯한 수형이다.

보복영

2. 수형만들기

1) 정지전정의 의미 및 목적
(1) 의미

소나무는 나름대로 고유의 수형이 있지만 많은 수종의 조경수들은 인공적으로 수형을 다듬고 손질을 해야만 조경수로서의 가치를 더할 수 있다. 수형 다듬기 작업은 일반적으로 정지 또는 전정 등으로 불리는데 단순히 가지나 잎을 잘라버리는 것으로 끝나는 것이 아니라 나무가 가장 아름답고 잘 자랄 수 있는 조건을 만들어 주는 것이다. 수목은 전정 후에도 계속하여 생장하는 것이기 때문에 눈이 나오는 시기 및 방향, 잎이 나오는 방향, 개화기와 착화가지 등 수목생리에 관한 지식과 관찰을 통하여 이 작업을 익혀가야 할 것이다. 정지전정 하면 모든 사람들이 선뜻 가지를 마음데로 자르지 못하며 실제 자를 부위를 결정하지 못하는 경우가 흔하다.

수형 다듬기를 의미하는 용어에는 다소간의 차이가 있다.

① 정자(trimming) – 나무 전체의 모양을 일정한 양식에 따라 다듬는 것.

② 정지(training) – 가지를 잘라서 모양을 가지런히 하는 것.

③ 전정(pruning) – 수목 생리적으로 조화롭게 수체를 자르는 것.

즉 개화 결실 및 생육상태 조절 등 건전한 발육을 도모하기 위하여 가지나 줄기의 일부를 자르는 것.

④ 전제(trailing) - 생장력과는 관계없이 마른나무, 병충목, 구부러진 나무 등 쓸모없는 가지나 수형에 방해가 되는 나무를 잘라버리는 것.

⑤ 토피어리(topiary) - 지엽이 잘 자라는 상록수를 전정,깎아 다듬기등의 방법으로 새, 짐승 등의 모양을 인공적으로 연출하는 정자법의 일종. 유럽에서 흔히 볼 수 있으며 적당한 수종으로는 향나무류, 주목, 비자나무, 철쭉류, 측백나무, 졸가시나무 등이 있다.

(2) 목적

① 불필요한 가지를 제거하여 조형미를 높이고 수목 전체에 햇빛을 고르게 받도록 한다.

② 가지 사이 통풍을 원활히 하여 풍해와 설해에 대한 저항력을 높이고 병해충의 서식처를 제거한다.

③ 도장지나 허약한 가지, 이병지, 곁가지, 근주부분의 움 등을 제거하여 영양분의 손실을 막아 건전한 가지의 생장을 촉진한다.

④ 한정된 공간에 필요 이상으로 자라지 않도록 주지나 주간을 전정하여 생장을 억제한다.
⑤ 잔가지의 발생을 촉진시켜 차폐, 방풍, 방진, 방음, 녹음 등의 효과를 증대시킨다.

 위와 같이 미(美)적 가치를 높이고 실용적 효용을 증대시키며 생리적으로 수목이 잘 생육할 수 있는 조건을 만들어 주기 위하여 정지전정을 실시하게 되는 것이기 때문에 목적에 맞게 정지전정을 실시해야 할 것이다.

2) 정지전정의 시기 및 종류
(1) 시기
 정지전정의 시기는 수종이나 목적에 따라 다르며 일반적으로 소나무는 대부분 이른 봄인 휴면기에 실시하지만 때로는 생육기에 실시하는 여름전정 또는 하계전정이 필요할 때도 있다.

(2) 종류
○ 봄 전정 – 일반적으로 평균기온이 5℃ 이상이 되면 눈의 움직임이 시작되고, 10~30일 정도면 잎이 나오기 시작한다. 즉, 3~5월에 실시하는 전정을 봄 전정이라고 한다. 그러나 이때는 영양생장

기로 접어들어 신장생장이 최대인 시기이기 때문에 봄 전정을 늦게 실시하는 경우, 나무의 굵은 가지를 자르는 등의 강한 전정을 하게 되면 수세가 쇠약해 질 수도 있다.

○ 여름 전정 – 수목의 생장이 활발한 시기로, 도장지가 많아지고 지엽이 밀생하여 무성하게 되기 때문에 수형이 흐트러질 수 있으며 풍해의 피해도 우려 된다. 또한 수관내의 통풍이나 일조상태가 불량해지므로 병해충의 피해가 발생하기도 쉬워진다.

따라서 이런 피해가 발생되지 않도록 하기 위하여 밀생한 지엽을 솎아내고 도장지 등을 하기(夏期)에 잘라내는 작업이 여름 전정이다. 이때는 고온으로 인하여 성장이 일시 중지되고 양분 축적기로 이행되어 비대생장을 하는 한편 화아를 만드는 시기이므로 강 전정은 피하도록 한다.(6월~8월)

○ 가을 전정 – 9월부터 11월에 걸쳐 실시하는 전정으로 강 전정을 하기 보다는 여름철에 자라난 도장지나 혼잡한 가지 등을 가볍게 전정하는 정도로 실시한다. 다음해의 개화에 문제가 있을 수 있다. 그러나 깎아 다듬기의 경우 9월 중·하

순에 일찍 가을 전정을 실시하면 새잎이 자라 절단부위가 보이지 않으므로 관상 가치를 도울 수 있다. 따라서 휴면기로 접어들어 실시하는 가을 전정과 겨울에 강 전정을 해도 무방하다. 그러나 기온이 낮아 동해의 우려가 있는 지방에서는 해토된 후, 수액이 유동하기 전에 전정하는 것이 좋다.(9월~11월)
○ 겨울 전정 −겨울 전정은 소나무의 생리기능이 저하되고 광합성 등의 신진대사도 활발하지 않은 휴면기에 실시하므로 강 전정을 실시해도 손상이 가장 적은 때이다. 수형을 고려하면서 불필요한 가지를 쉽게 제거할 수 있으므로 작업이 효율적이다. 그러나 동해가 우려되는 추운지방에서는 강 전정을 실시하는데 주의하여야 한다.(12월~3월)

3) 정지전정의 방법 및 유형

 전정을 실시할 때는 전정의 목적, 지엽의 신장량 및 밀도, 분지량, 맹아력, 개화시기, 착화지, 생장과정 등을 먼저 숙지하고 어떻게 전정할 것인가를 결정한다. 강 전정을 하면 수목의 탄소동화작용이 감소되어 양분의 축적이 적어지고, 너무 약 전정을 하게 되면 전정의 효과를 반감시킬 수도 있다. 그러므로 생장이 왕성한 나무는 강 전정을 했을 때 활력이 떨어진다. 세력이 약한 나무나 노령목에는 약 전정을 실시한다.

(1) 방법

① 작업순서는 나무의 위에서 아래로 실시한다. 수목의 주지(主枝)는 하나로 자라게 한다(줄기를 반드시 하나만 키우라는 의미가 아니라 같은 높이와 굵기를 가진 주지를 나란히 2개 자라게 하지 말라는 뜻).

② 줄기에서 자라난 불필요한 가지나 근주부분이나 뿌리에서 곁움이 나오는 것은 바로 제거한다. (바퀴살가지, 하향지, 내향지, 평행지, 교차지는 제거한다)

③ 수형상 좋은 위치에 있는 도장지는 끝부분만을 약하게 잘라내어 세력을 약화시킨 후 장차 수형 만들기에 활용하도록 하고 불필요한 도장지는 모두 제거한다. 이 때 도장지를 기부에서 잘라버리면 새로운 도장지가 발생되므로 먼저 도장지 길이의 1/2정도를 잘라 세력을 약화시킨 후 겨울 전정 때 기부에서 자르도록 한다. (고사지, 이병지, 꺾인 가지)

④ 회지(懷枝) : 햇볕이 잘 닿지 않는 곳에서 생겨나는 가지를 제거하며 수관의 내부는 훤하게 하되 외부는 수관의 윤곽선에 지장이 없도록 솎아 낸다.

⑤ 가능한 한 가지 끝에서 여러 가지가 나와 수관선을 이루도록 하며 곡이 들어있는 주간의 내각에서 발생한 가지는 제거

한다. 또 필요로 하는 빈 공간을 메우려면 빈 공간 쪽으로 향한 눈을 가지 끝만 남기고 자른다.

⑥ 수형을 축소시키려 할 때는 수액이 유동하기 전인 이른 봄에 몇 개의 맹아만 남기고 강하게 전정한다. 휴면기에 접어든 1월부터 2월 하순에 전정하는 것이 좋다.(수관의 폭을 넓히려면 나무의 끝부분을 잘라낸다)

⑦ 가지줄이기 할 경우, 강한 가지를 만들어 내려면 가지를 짧게 잘라내야 하고 약하게 가지를 키우려면 길게 남기고 잘라야 한다. 즉 강하게 자라는 가지를 짧게 자르면 남아있는 눈이 자극을 받아서 한층 더 길게 자라나 전정의 효과를 얻을 수 없으므로 길이의 1/3~1/4 정도만 자르도록한다.

⑧ 가지솎기를 할 경우 가지의 분포를 고르게 하기 위하여 왕성하게 자라는 쪽은 강하게, 빈약하게 자라는 쪽은 약하게 솎아 주도록 한다. 가지를 자를 때는 위로 뻗은가지 아래로 처진 가지를 나무의 균형에맞게 자른다.

⟨불요지(不要枝)의 정지전정⟩

기본 수형으로 정비함과 동시 다음과 같은 불필요한 가지를 전정한다.

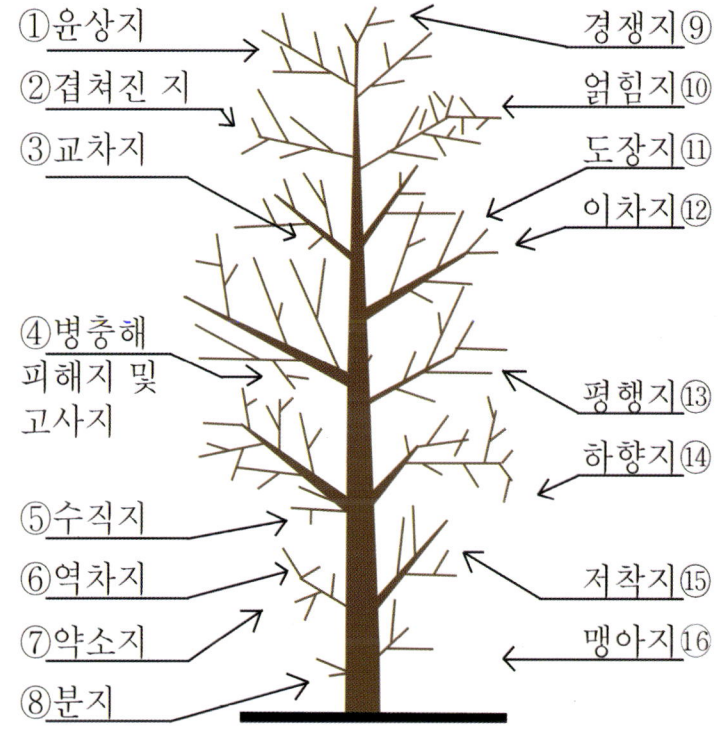

⟨그림 18⟩ 가지의 부위별 명칭

① 윤상지(輪狀枝) : 수간과 같은 방향으로 차윤상(車輪狀)으로 나온 가지
② 겹쳐진 지 : 특정부위에서 불균등하게 나온 가지
③ 교차지(交叉枝) : 다른 가지와 교차되어 있는 가지
④ 병해충 피해지, 고지(枯枝) : 병해로 회복의 가망성이 없는 가지, 방치하면 피해가 증대하는 가지 및 고사목
⑤ 수직지(垂直枝) : 가지의 일부에서 직립한 가지
⑥ 역차지(逆叉枝) : 가지는 보통 외부로 향하여 자라나 때로는 내부로 향하는 것이 있다. 이것을 역차지라 함.
⑦ 분지(分枝) : 수목의 지제부(地際部)에서 맹아한 가지
⑧ 약소지(弱小枝) : 더이상 생장 가능성이 없고 불필요한 가지
⑨ 경쟁지(競爭枝) : 주간(主幹)의 선단에서 다른 가지와 대항하듯이 자라는 가지
⑩ 얽힘지 : 주된 가지에 얽혀서 생장하는 가지
⑪ 도장지(徒長枝) : 당년생 가지 중 다른 것과 비교하여 특히 자란 가지
⑫ 이차지(二叉枝) : 같은 굵기로 둘로 나누어지고 있는 가지
⑬ 평행지(平行枝) : 한 가지에 대하여 동일 방향으로 자라나는 가지
⑭ 하향지(下向枝) : 아래 방향으로 자란 가지
⑮ 저착지(低着枝) : 통행에 장해가 되는 낮은 위치에 난 가지
⑯ 맹아지(萌芽枝) : 주간에서 맹아한 가지

전경 전(좌)과 전정 후(우)의 모습

(2) 유형

① 굵은 가지자르기 – 휴면기(겨울전정)에 실시하는 것이 좋으나 아주 추운 지방에서는 전정 후 짚이나 마대 등의 피복재로 싸주거나 이른 봄에 생장이 움직이기 전에 실시한다.

② 가지 길이 줄이기 – 가지가 아래로 늘어지는 수양형 소나무는 위쪽에서, 그렇지 않은 수종은 아래쪽에서 가지를 2~3cm정도에서 남

기고 자른다. 가지 줄이는 시기는 12월부터 5~6월 초순까지이다.

③ 가지솎기 – 일광의 투시와 통풍이 원활히 되도록 하기 위하여 밀생상태에 있는 불필요한 가지를 제거하는 작업이다. 방법은 나무의 정단부에서 보는 것으로 가정하여 가지가 방사상으로 고르게 배치되도록 하고, 솎아내는 가지는 기부(갈라지는 부분)에서 자르도록 한다.

④ 깍아 다듬기 – 수관 전체를 대형 전정가위, 조형 전정가위 등을 이용하여 어떤 모양이나 형태를 연출해 내는 작업. (예: 조형목, 생울타리 다듬기, 토피어리 등)

4) 전정할 때 고려해야 할 원칙

① 위에는 강하게 전정하고 밑가지는 약하게 전정한다는 것을 염두해 두고 실시한다. 왜냐하면 나무는 생리적으로 정상부 우세성이라 하여 가장 정상부가 제일 잘 자라고 밑부분은 잘 자라지 않는 성질이 있기 때문이다.

② 어떤 수종의 나무를 어떤 형으로 전정하느냐 하는 기본방침은 위의그림을 참작하여 전정한다.

③ 몇 년을 두고 전정하여야 자기가 구상한 수형이 완성되므로 구상하는 수형은 심사숙고하여 확신을 세운다.

④ 큰 나무의 형태는 가지가 아래로 쳐져 있으나 생장하는 가지는 위로 올라간다. 따라서 노령목의 형태로 만들려면 올라간 가지는 아래로 유인하거나 전정한다.
⑤ 전정하기 전 나무의 가지가 어떤 각도와 어떤 간격으로 배열되어 있는지를 파악하여 원하는 각도와 분포를 균일하게 한다. 즉 전체적으로 질서 있게 배치하고 그 원칙에 벗어나면 전정한다는 뜻이다. 또한 정상적인 나무는 수목의 정상부까지 주간이 있으므로 주간은 제거하지 않는다.
단, 수고가 너무 커 수간을 새로 발생하는 가지로 다시 세워 줄 경우에는 원순을 자를 수 있다.

 위와 같은 원칙에 입각하면 전정할 가지는 대부분 아래와 같은 것이다.
○ 고사한 가지
○ 전체적으로 각도가 너무 올라간 가지
○ 얽힌 가지
○ 거의 같은 부위에서 같은 방향으로 뻗은 가지
○ 다른 가지보다 월등히 굵은 도장한 가지
○ 통풍에 너무 방해가 되는 가지
○ 속에서 자라가지
○ 뿌리부분에서 나오는 가지

그 외에도 주로 소나무 전정에서 많이 응용되는 방법인데 그림에서와 같이 곡이 있는 소나무에서 외각에 있는 가지는 살리고 내각에서 발생한 가지는 전정한다. 특히 소나무 전정에서 특히 염두해 두어야 할 사항은 잎이 있는 곳에서 자르면 눈에서 새 가지가 발생하는데 새 가지의 발생되는 수는 나무의 세력에 따라 좌우되나 대개는 5~6개의 정도이다. 따라서 이점을 고려하여 필요한 길이에 따라 전정한다. 종합적으로 그 나무의 가지를 질서정연하게 전체적인 균형이 맞도록 하여 주는 것이다.

3. 수형만들기

 소나무는 우리나라의 대표하는 수종이며, 사람들이 제일 좋아하는 수종이다. 또한 환경에 대한 적응성이 커서 거의 초심자나 숙달된 전문가도 재배하고 있다. 소나무 수형은 어떤 수형으로 만들건 부자연스러운 느낌을 주지 않는다는 장점도 있다. 소나무는 초심자에게도 친밀감을 주며 나무 수형 만들기도 쉬울 뿐만 아니라 아무리 만들어도 싫증이 나지 않고 심오한 면도 있다. 소나무의 수형 만들기에 있어서는 자생지에서의 감각을 염두에 두어야 할 것이다. 자연 속에는 우리가 생각하지도 못하였던 약동감이 넘치는 수형을 볼 수가 있다. 현재 소나무는 극히 평범한 조경수 소재로서 어디에서나 쉽게 구할 수 있고 자기가 원하는 수형을 유인 할 수 있는 장점이 있다.

1) 가지치기

(1) 방법

 소나무는 일반적으로 10월 중순에서 11월 상순 또는 2월 중순에서 3월 상순에 가지치기를 한다. 혹한기에는 피하는 것이 좋다.

(2) 목적

① 나쁜 가지 솎아내기

겹가지, 엇갈린 가지, 수레바퀴가지, 아래로 처진 가지, 선가지 등을 솎아낸다. 그러나 선 가지는 긴 것은 자르지만 짧은 것은 남겨서 선반 가지를 만들도록 한다. 또한 이상과 같은 나쁜 가지를 교묘하게 이용하여 묘미를 살릴수도 있다. 소나무에는 수레바퀴가지가 있어도 혹이 되지 않으므로 그다지 일찍 처리할 필요는 없다.

② 불필요한 가지를 자른다.

수형을 만드는 데 있어 불필요한 가지는 잘라버린다. 자른 자리는 약간 패도록 도려내고 유합제(발코트)를 발라주어 새 살이 돋도록 도와준다. 필요 없는 가지를 자를 때 주의해야 할 것은 최종적으로 필요 없게 된다고 해서 한꺼번에 모두 제거해 버려서는 안 된다. 그것은 예비가지로서 작용하며 줄기의 비대를 촉진시키기도 한다. 당장에 있어도 무방한 것이라면 성급히 잘라버리지 말도록 한다.

③ 희생지의 처리

어린나무를 양성할 경우 줄기의 비대를 촉진하기 위하여 희생지로서 아래의 가지를 키우는데 너무 굵게 키우면 자른 자리의 처리가 어려워지므로 적당한 시기에 자르도록 한다.

정지전정을 통한 수형유도된 전후의 모습

가지치기 후 자란가지

2) 적아와 적심

(1) **적아** - 눈이 움직이기 전에 원하지 않는 눈을 제거하고 발생시킬 눈을 제거하지 않는다.

(2) **적심** - 새순이 목질화되어 굳어지기 전에 새순(신초)을

따버리는 작업으로 많이 자라는 가지의 신장을 억제할 수 있다.

겨울눈 따기전

눈따기 후

3) 가지유인

운치가 있고 아름다운 나무는 가지가 사방으로 아래부터 위까지 같은 비율로 배열되어 있는 것이며, 가지가 아래로 내려진 것은 수령이 오래된 수목(노령목)의 형태를 나타내므로 생장하고 있는 나무는 생각대로 되어주지 않는다. 따라서 이를 물리적 힘을 가하여 인공적으로 만들어 주는 과정이 가지유인이다. 가지의 생장을 억제하거나 빈 공간을 채워 전체적인 수형을 잡기 위하여 나무막대, 지주목, 철사, 끈 등을 이용하여 줄기를 구부리거나 가지의 방향을 바꾸는 작업이다.

(1) 방법

가지 유인의 방법은 나무를 식재한 후 1년 후에 실시한다. 수형은 소나무의 개성을 살려서 줄기 모양에 따른 수형을 만들면 된다. 수형은 그만큼 창작의 범위가 넓다고도 할 수 있지만, 한편으로는 자연의 풍취를 연출하는 일이 쉽지는 않다. 자기가 원하는 수형으로 유인 하는 것도 좋지만 전체적으로 나무의 흐름에 따라 1지 2지 3지를 생각하여 각도를 주어 곡이 들어가게 유도 하는 방식이 있고 둥근형, 우산형, 원추형 등으로 유도시켜 시간이 흐름에 따라 완성목으로 만들 수 있다. 가지를 유도 할 때는 철사로 나무를 감아 유도를 하여 1년 정도 있으면 가지가 고정이 된다. 소나무의 수형을 공들여서 5년 혹은 10년의 목표를 세우고 한 걸음씩 만들어 가지 않으면 안 된다. 또 다른 방법은 땅에 말뚝을 박아 전체적으로 가지의 각도가 같도록 줄을 당겨 매어놓으면 더욱 좋고 여의치 못하면 너무 올라간 가지만 내려준다. 가지배열이 되지 못하고 공간이 생긴 곳은 양쪽에서 가지를 유인하여 공간이 큰 쪽으로 당겨 매어주어 공간이 균일하게 만들어 준다.

실을이용한 가지유인 전(좌)과 후(우)

나무막대, 철사를 이용
가지를 유인하는 방법

나무막대, 철사를 이용 가지를 유인하는 방법

(2) 시기

가지유인 시기는 나무가 활동하기 전에 2월에서 3월 초순까지 수형을 고정시키는 방법으로 수개월이 지나면 가지가 고정되게 된다.

4) 수형 만들어 가꾸기

수형 만들기는 어려서부터 전정요령이다. 이는 기본적으로 알고 있어야 할 사항으로 위에도 기술 했지만 소나무의 잎이 있는 곳에서 자르면 잎 속에서 눈이 발생되어 새 가지로 생장하게 되며, 잎이 없는 곳에서 자르면 전혀 새가지가 나오지 않는다. 전정시기에서 큰 가지 솎기는 휴면기 때에는 할 수 있으나 새순까지 1회에 완전히 정리하려면 봄 5월 20일부터 6월 15일 까지가 적기이다.

새순이 약간 올라 왔을 때 잘라주면 잎이 나온 후 다시 잎에서 새순이 발생하고 다시 여러 가지가 생장하게 된다.

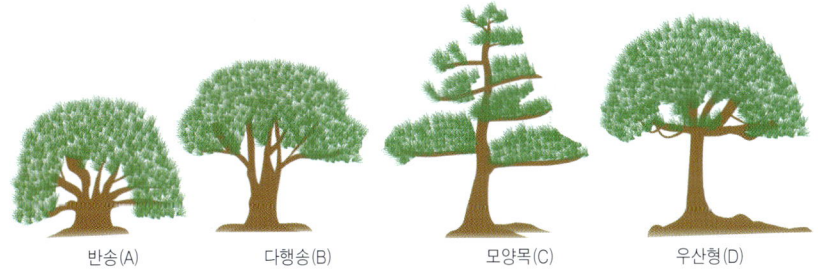

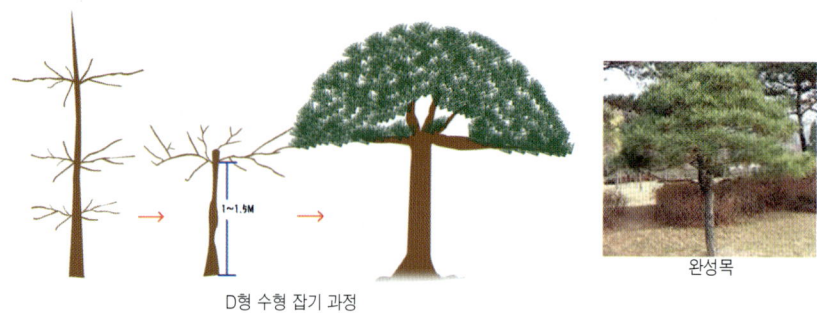

D형 수형 잡기 과정
완성목

(1) 반송 만들기

반송 만들기는 어려서부터 계속하여 가지를 배열 한 다음, 묵은 순이든 새순이든 전정해 주면 된다. 즉 회양목이나 주목을 기르는 식으로 손질하여 가며 전정하면 자연적으로 본 수형을 만들 수 있다.

(2) 다행송 만들기

다행송은 지표면에서부터 줄기가 우산살 형식으로 3가지 이상을 발생시켜 최종적으로 우산 같은 모양으로 길러야 하므로 어려서부터 잔가지를 많이 발생시켜 가급적 여러 줄기들이 굵기와 키가 거의 같게 길러 준다. 수고 50cm 이전까지는 밀식재배를 하여 밑가지를 일부러 따줄 필요 없이 약한가지는 자연적으로 피압 되어 고사 되도록 한 후 다시 정식으로 식재한다. 수고가 1m가량 되었을 때 가지 솎기 및 밑가지를 정리하기에 들어간다. 다행송은 정성들여 가꾸면 매우 감상하기에 좋다. 반송과 같은 규격이라면 나무의 손질이 많이 가고 재배기간이 오래 걸린다.

(3) 모양목 만들기

 분재의 수형잡기 원리를 적용시키면 어렵지 않게 전정 할 수 있다. 즉 줄기에서 가지의 배열은 외각에서 발생시킨다.
가지와 가지의 간격은 지표면에서 수고 끝까지 비례에 의하여 짧아진다.
- 가지의 배열이 한곳으로 분포되지 않도록 사방 고루 배열시킨다.
- 가지의 부피와 중량은 밑에 1지가 가장 크고 올라 갈수록 비례에 의하여 줄어든다.
- 제일 많이 관상하게 될 앞면의 가지는 직선적으로 배열 하지 말고 옆으로 비켜 배열한다.
- 가지와 줄기의 각도는 항시 같은 각을 유지한다.
- 위로 올라간 가지는 오래된 나무의 형태로 보이기 때문에 가급적 가지를 아래로 내려준다.

 위에 기술한 3가지 수형중 어느 형으로 기르는 것이 제일 유리하가는 다행송(C)이 좋다. 장기적인 기간을 두고 재배하기에도 마찬가지다. 우선 빨리 생산목적으로 기르려면 반송(A)과 우산형(D)이 알맞다.

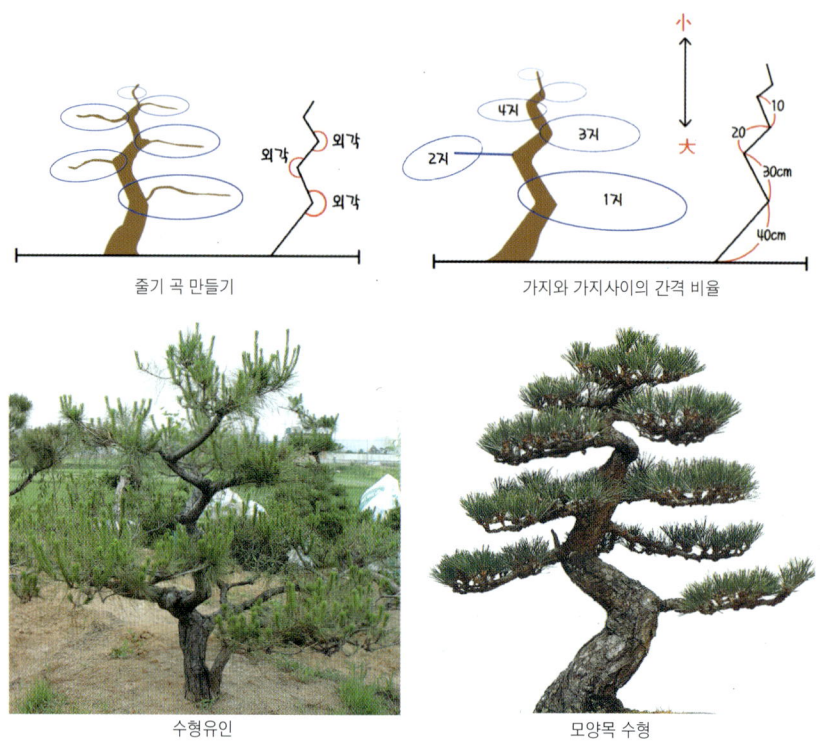

줄기 곡 만들기 　　　　　가지와 가지사이의 간격 비율

수형유인 　　　　　모양목 수형

(4) 우산형으로 만들기

 이 수형은 어려서부터 순지르기를 하지 말고 기르다 보면 층층으로 바퀴살 가지가 발달하여 자라게 된다. 이 수형에서 고려해야 할 점은 지하고가 너무 높거나 혹은 낮아서도 좋지 않으므로 나무를 관상하기에 적당하다. 지하고를 1~1.5m 정도에서 위로 순을 잘라 버리고 차츰 연차적으로 바퀴살 가지를 다듬어 가면 수목이 성장함에 따라 지하고도 처음보다 올라가고 수관 밀도도 높아지게 된다.

(5) 모양목 가지배열 예

 모양목에서 가장 중요시해야 하는 것은 자연과 어울리는 아름다움을 표현 되어야 하며, 모양목 가지 각도는 각기 특별한 환경에 따라 다른 경우가 많지만, 자연수 중에서 많은 자료를 놓고 볼 때, 일정한 가지 각도 기준을 볼 수가 있다. 그래서 가장 일반적인 가지 배열을 아래 그림으로 나타냈다. 가지를 자연적으로 자기가 원하는 방향으로 가지를 배열하는 것이 타당 할 수 있다고 볼 수 있다.

모양목은 가지의 움직임을 엇갈리게 하나의 기준으로 유인한다. 그림①
수평 위치를 기준으로 하여 모양의 변화에 따라 그림②처럼 가지를 배열 한다.

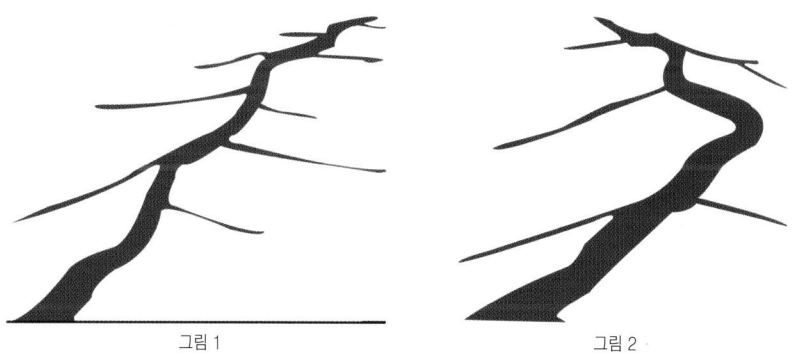

그림 1   그림 2

 직간이 수형은 가지 각도는 밑으로 늘어지는 수형을 눈집자으로 유인. 그림③
위치는 좌우, 높이를 모두 완전히 동일한 위치에서 생각한다.

그리고 모양목은 그 자체가 노령목을 생각하여 만드는 수형이다. 필연적으로 직간의 경우는 어릴적부터 시간이 갈수록 필요가 없는 것도 당연하다. 또 필요한 수형은 시간이 갈수록 노령목이 되는 것이다.

 왜냐 하면 아무리 좋은 나무 모양을 표현 할지라도 가지의 존재 이유가 없어지는 각도이기 때문이다. 그리고 수형의 위치가 결정되고 반대쪽 위치가 결정된다. 그림3은 가지가 위로 약간씩 올라가면서 밑으로 가지를 처지게 하는 수형으로 유인. 그림 3, 4, 5, 6, 7은 모두 자기가 원하는 방향으로 약간씩 수고를 조절하면서 유인한다.

그림 3   그림 4   그림 5

그림 6   그림 7

〈 굵은 가지 자르는 방법 〉

① 자르려는 가지가 시작되는 부분부터 위로 10~15cm되는 곳의 아랫부분에 굵기의 1/3정도 깊이까지 톱으로 자른다.
② 톱을 돌려 아랫부분의 자른 위치보다 약간 윗부분을 자르면 주간(主幹)에 상처를 내지 않고 굵은 가지를 제거할 수 있다.
③ 절단 후 남겨진 부분은 지융부가 끝나는 지점에서 절단면이 최소가 되도록 위로부터 바깥쪽으로 약간 기울어지게 자른다.
④ 상처부위를 알코올 소독하고 도포제(발코트)를 바른다.

가지 자르기   자르기후 1

자르기후 2 　　　　　자른 후 아물기

굵은가지 자르는 요령

4. 수형 관리

 수형은 관상가치를 높이기 위하여 인위적으로 만든 수형을 인위형이라 하고 자연상태 그대로 생장한 수형은 자연형이라 한다. 수형을 인위적으로 만들었을때의 나무를 더 아름답게 관리하는 것을 말한다.

1) 신초 따기

 소나무는 건강하게 성장하면 봄에 순이 힘차게 나오며, 지나치게 자라는 겨울신초는 5월 상순경에 처리하는데 이를 신초따기라 한다. 꼭지부분과 강한 가지 끝의 겨울신초는 다른 것보다 훨씬 길게 자란다. 이를 그대로 방치하면 나중에 나무의 각 부위에 강약이 뚜렷해지고 강한 부분은 가지가 길어지고, 약한 곳은 심할 경우 말라 죽는다. 특히 어린나무의 경우는 반드시 신초를 따주기를 하여 중간정도의 길이로 만들어 주어야 한다. 나무가 오래된 나무는 신초 따기를 안 해도 된다.

(1) 목적

 신초 따기의 주요 목적은 가지의 강약과 균형을 잡는 두 가지 목적으로 나무전체의 힘을 평균화 시키고 한정된 기간내에 만들어야 되는 수형 만들기의 기초지식으로 순 따기는 봄의 신초를 그대로 방치에 두면 가지와 가지사이의 간격이 뜨게 되므로 일찍 신초 따기를 해줄 필요가 있다.

(2) 시기

신초 따기의 시기는 봄(4~5월)에 새순이 1cm 자란 것에서부터 차례로 1/2~1/3남기고 따며, 새순이 5~20cm쯤 자랐을 때, 5월 중순~6월 초순에 신초를 바짝 따준다. 9월쯤 되면 새가지가 발생되어 가지의 마디 사이를 짧게 만들 수 있다. 그리고 약한 신초는 따지 않으며 나무개체에 따라서는 새신초가 1cm 정도밖에 자라지 않는 것도 있는데 이것은 딸 필요가 없다.

가을에 신초길이는 4.1~10.4cm, 측아지 발생은 2~18개의 잎 범위로 나와 시기나 길이에 따라 차이가 있어 5월 중순처리가 가장 적합하다.

(3) 방법

● 신초따기.

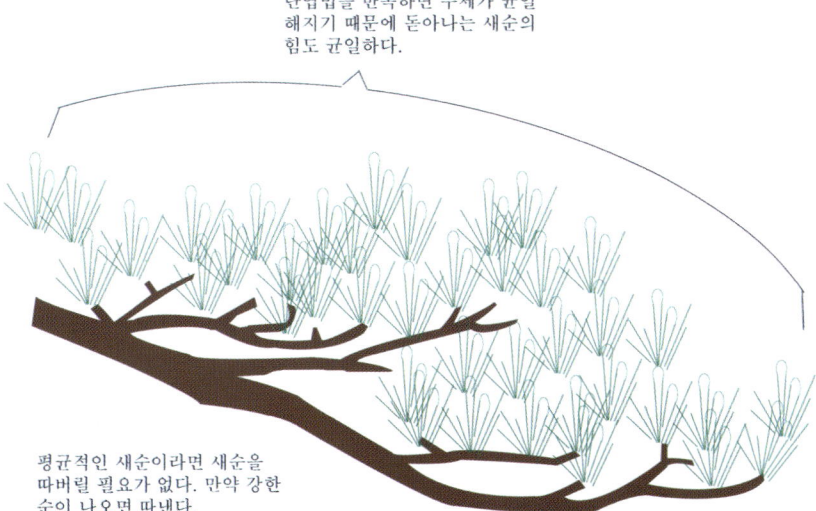

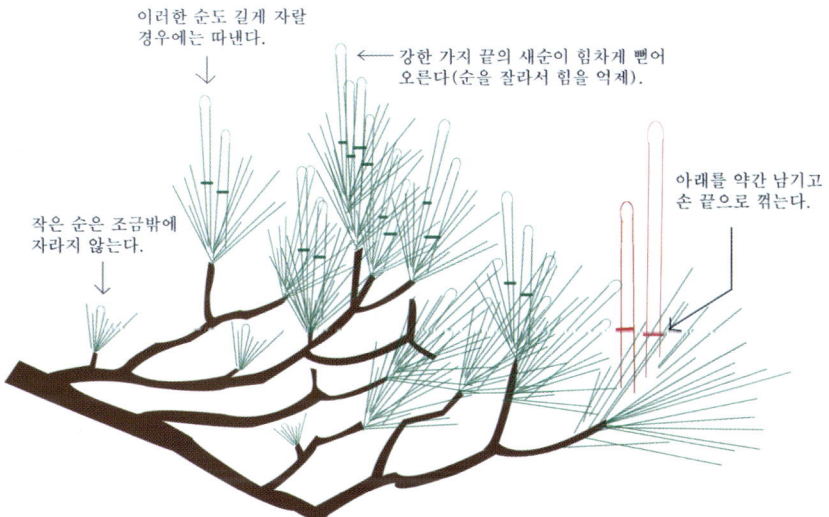

순따기

새순   새순 자르기(3cm)   새가지 발생

가지 발생

신초를 자른 후   신초를 자른 후 근접

둥글게 유인
새순을 자르고 생육 및 가지 발생 과정

2) 순따기

(1) 목적

순 따기의 목적은 나무전체의 힘을 평균화 시키고 한정된 기간에 잔가지의 수를 늘려서 가지를 짧게 유인하고 수형을 안정성이 있게 하며, 순 따기를 하지 않으면 가지와 가지사이의 간격이 길게 되므로 순따주기를 해 주어야 된다. 중요한 것은 반드시 나무전체, 가지전체의 수세의 균형을 충분히 감안하여 키우고 싶은 순을 억제하여 수형을 유도 하는 것을 말한다.

(2) 시기

소나무의 순따기에서 가장 중요한 시기는 6월 하순~7월 상순에 실시하는 순 따기 작업이다. 나무의 수형과 잎을 꽉 차기 위해서 순 따기는 보통 3회에 걸쳐서 실시한다. 금년에 나온 새순을 먼저 약한 곳부터 차례로 5일~1주일 간격으로 가위나 손끝으로 아래서부터 잘라 낸다. 먼저 약한 순부터 자르는 이유는 강한 순의 발아력이 약한 순보다 세므로 약한 순부터 따냄으로서 힘이 고른 두 번째 순을 기대할 수 있기 때문이다. 말하자면 강한 순을 딸 때는 약한 순이 다시 생장 준비를 하므로 전체적으로 두 번째 순의 강약을 맞추어 유지 시킨다. 일반적으로 어린나무의 경우 순 따기의 시기를 앞당기는 것이 좋다. 예를 들면 완성도중에 있는 나무의 첫 번째 순 따기를 7월 초에 한다면, 어린나무는 5월 중순에 실시한다. 순 따기는 되도록이면 7월 10일까지 마치도록 하여야 한다. 그렇게 하지 않으면 두 번째 잎이 너무 짧아지게 된다. 이를 그대로 두면 나무의 자태를 고정하는데 어려움을 줄 수 있다.

(3) 방법

① 첫 번째 순 따기 : 아래가지의 뿌리부분에 있는 작은 순을 딴다.
    그러나 딸 수 없을 만큼 매우 작은 순도 나오니 주의 하여야 한다.
② 두 번째 순 따기 : 나무 전체에서 중간정도의 순을 딴다.
    세 번째 가지, 네 번째 가지, 아랫부분의 순이나 아래가지 순을 딴다.
③ 세 번째 순 따기 : 가장 강한 순을 딴다.
    즉 두 번째 순 따기를 한 다음에 남아 있

는 꼭대기 부분의 순과 중간 가지 끝의 순 등을 딴다.

(4) 중간 순따기 방법

● 1차 순따기

6월 하순경 봄부터 자란 새순은 지난해에 나온 잎의 아래 줄기까지 모두 잘라낸다. 원칙적으로 약한 순에서부터 시작하여 강한 순의 차례로 1주일 간격으로 자르도록 한다.

균일한 수세의 가지는 새순도 균일한 힘으로 자란다.

이대로 가을까지 자라게 둔다면, 현재의 배 이상의 긴 잎이 된다.

● 순따기를 하지 않은 가지

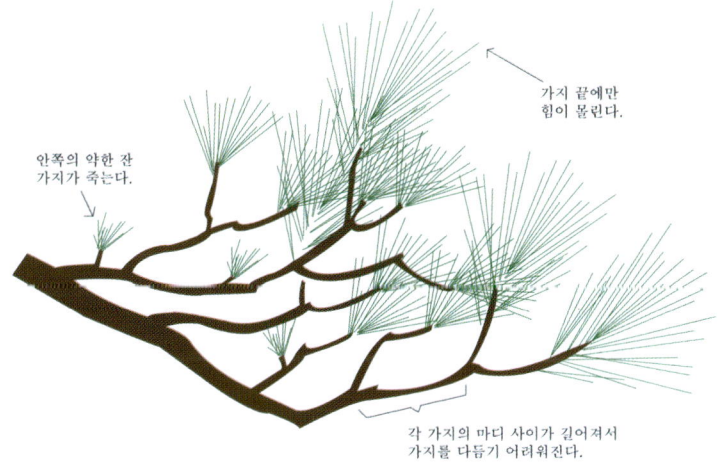

가지 끝에만 힘이 몰린다.

안쪽의 약한 잔가지가 죽는다.

각 가지의 마디 사이가 길어져서 가지를 다듬기 어려워진다.

● 순따기를 한 가지

단엽법을 반복하면, 수세가 균일하고 마디 사이가 짧은 단엽의 잔가지가 된다.

● 2차 순따기

약한 새순이 1cm 자란 시점에서, 그 순을 키우고 싶지않는 곳이라면 따고, 1년 쉬게 하려면 그대로 자라게 한다.

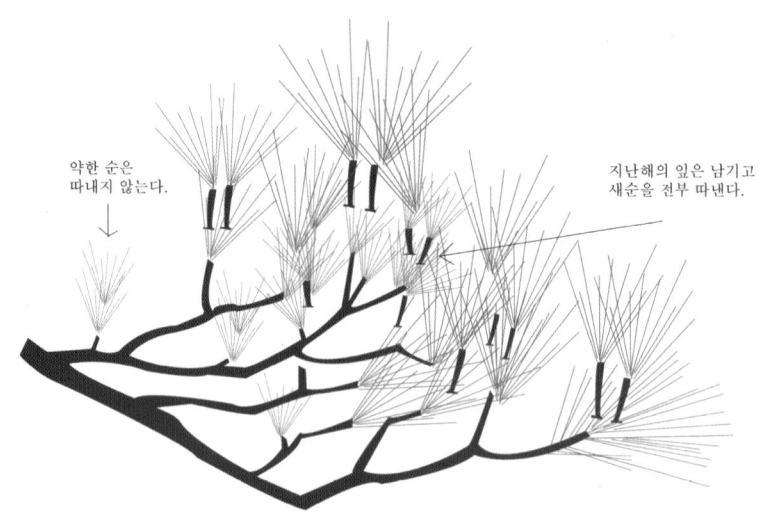

약한 순은 따내지 않는다.

지난해의 잎은 남기고 새순을 전부 따낸다.

어린나무가 수형의 골격을 갖추어 가고 있을 경우 중간 순 따주기가 중요한 역할을 한다. 즉 순 따기가 작은 가지의 균형을 잘 유지하고 육성 하는데 중간 순 따기는 작은 가지를 만드는데 중요한 역할을 한다. 예를 들어 도움가지가 줄기의 굵기에 비하여 현저하게 가늘 경우, 그 도움 가지에 굵어지게 하기 위해선 순 따기를 하지 않고 내버려 둔다. 그러다가 가지의 밑둥이 줄기와 균형이 굵기가 비슷하면 9월 초순에 적당한 길이로 잘라 가지의 생육을 강하게 만든다.

남긴 순은 1/2~1/3정도 되게 중간 순 따기를 하여 가지를 만든다.

(3) 잎뽑기(잎 솎기) 방법

순을 딴 직후에 잎 솎기를 한다. 이것은 순 따기에 의한 순의 강약을 조절만으로는 충분하지가 않아 잎에 의해서도 강약을 조절하여 나무전체의 균형을 유지시켜주기 위함이다. 순 따기의 정도에 맞추어 아래가지의 밑둥은 전체의 잎을 7~8개 남기고 중간이나 아래가지의 끝은 5~6개, 다시 상층이나 중간 가지 끝에는 4~5개를 남겨 균형을 도모한다. 또 잎 솎기는 순 따기 직후에 하는 것만으로는 불충분하므로 12월 상순~1월 하순에 걸쳐서 실시 해준다. 이시기에는 순 따기 직후의 잎 솎기에는 남긴 잎과 두 번째 순이 전개된 잎이 붙어 있다. 이때 묵은 잎은 모두 뽑고(11월 이후) 새잎도 약한 부분은 8~9개, 중간정도에선 7~8개, 강한 부분은 5~6개 남기고 잎을 솎는다. 뽑은 잎 사이에서 새로운 잎이 나온다.

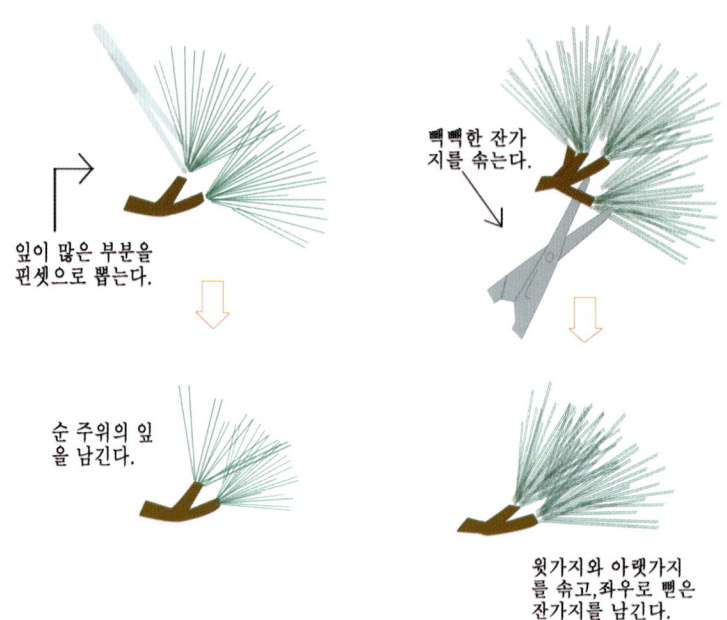

제3장 수형만들기

강한 순의 처리 6월 상순경

순따기 6월 하순~7월 중순경

잎따기 전(좌)과 후(우)

● 묵은 잎 제거

 11월 중순에 지난해의 묵은 잎을 뽑아 수세의 조절을 도모한다. 나무의 꼭대기 부분과 가지 끝은 수세가 집중되기 쉬우므로 많이 뽑고, 안쪽이나 아랫 가지 등의 약한곳은 잎을 조금 뽑아준다. 그러나, 묵은 잎이 아직 왕성할 때 뽑으면 수세를 쇠약하게 만들 우려가 있으므로 주의해야 한다.

제3장 수형만들기 185

묵은가지

묵은가지 및 잎따기

● 가지치기

2월 중순경에 송진이 나오기 전에 한다. 어린나무의 경우, 불필요한 가지를 없애는데, 가지가 붙은 곳을 바싹자르고, 나무의 운치를 보아가며 자른다.

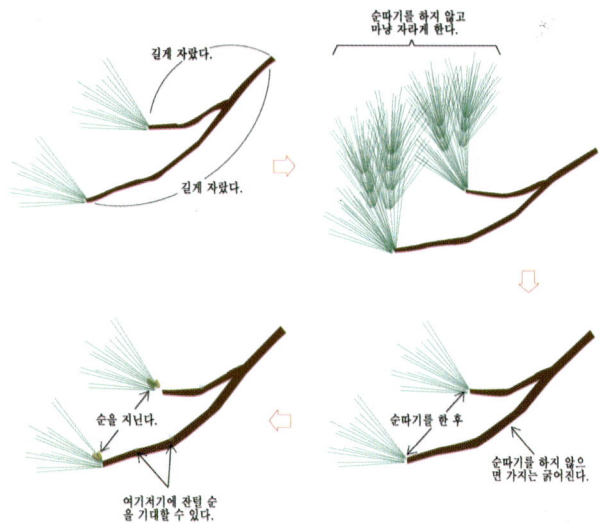

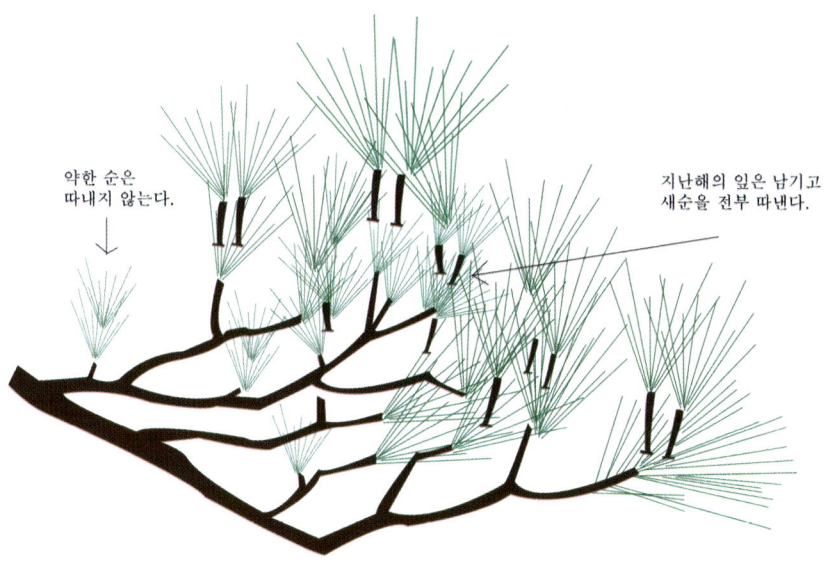

● 가을의 상태

순따기를 한 후 그 자리의 부근에 순이 두번 돋아난 상태이다.

⇩

약한 가지도 내년에는 순따기를 할 수 있다.

지난해의 긴 잎을 뽑아 보면, 마디 사이가 짧은 두번째 순이 나와 있다. 이 단엽법을 되풀이하면 5년 후에는 마디 사이가 촘촘한 가지로 성장한다.

강한 순을 제거하면 길게 자란 가지 사이에서 잔털 순이 나오며, 그것이 자라면 가지가 될 수도 있다.

순따기한 가지(9월)

5. 접목 번식

 접목이란 분리되어 있는 식물체를 조직적으로 연결시키고, 그 곳을 통해서 생리적 공동체가 될 수 있게 하는 것을 뜻하며, 친화성이 있는 2개 식물의 영양체를 잘라 서로의 형성층을 유착시켜 한 식물체로 만드는 것을 접목이라 한다. 즉 뿌리가 있는 대목과 이용 목적으로 하는 위쪽에 붙일 접수를 유착시켜서 생리적 교류가 원만하게 이루어지는 한 몸의 식물체로 만드는 것을 말 할 수 있다.

1) 목적

 접목이라는 것은 식물의 일부분을 다른 식물에 접착시켜서 그 부분에 대한 조직의 유착을 촉진시켜 상호간의 조직을 하나의 독립된 식물로 만드는 인위적인 접목번식방법을 말한다. 접목친화력은 유전적 소질이 가까운 것일수록 친화력이 크다. 접목번식의 목적은 개발된 품종의 특성을 유지할 수 있는 클론의 보존, 내한성 및 내병성 품종육성, 조기결실, 개화결실의 촉진, 수세의 회복 등이다. 개체육성은 선발개체가 가지고 있는 모수의 유전적 특성의 고정을 꾀할 수 있는 증식 등을 위한 필수적인 과정으로 임목에서는 소나무류를 위주로 한 개체증식 연구가 진행되어 왔다.(Kim 1969, Ding & Xi 1993). 즉 식물에 대한 일종의 양자법이라 할 수 있다. 접목법은 종자에 대한 유성번식에 비하여 모수의 유전적인 특성을 그대로 지니고 있는 점이다. 접목에서 모수의 유전적 특성이 그대로 유지되기 때문에 식재 후 관리방법에 따라 생육 및 개화결실에도 차이가 있다.

접목의 재배는 대목과 접수사이의 친화력, 접목기술, 접수와 대목의 상태, 접목시기, 온도와 습도 등의 환경조건 등이 관련되어 있다.

2) 접목의 장단점

(1) 장점

○ 재배를 용이하게 할 수 있다.
○ 수세의 회복을 위하여 접목을 할 수 있다.
○ 양친이 가지고 있는 유전적 성질을 이어 받는다.
○ 개화결실을 촉진시킨다.
○ 같은 품질을 가진 묘목을 한꺼번에 많은 량을 번식 시킬 수 있다.
○ 접목으로 수세와 수형을 조정하고 회복시킬 수 있다.
○ 어미와 같은 특성의 묘목을 얻을수 있다.
○ 개량된 우량종일 때 병해충을 받기 쉬우므로 저항성의 대목을 사용해서 재배를 용이하게 할 수 있다.

(2) 단점
○ 단기간 접목기술의 습득 및 숙련이 어렵고 각 수종별로 접

목시기 및 방법이 달라 많은 노력이 필요하다.
○ 접목에 관한 대목과 접수와의 생리관계를 규명하여야 한다.
○ 좋은 대목의 양성과 접수의 보전 등이 곤란하다.

3) 접목의 방법

지금까지 인류가 식물의 번식방법으로 이용하고 있는 접목 방법은 대목을 식재된 상태에서 접목하는 거접과 대목을 뿌리채 파 올려서 접목하는 양접이 있다. 또 분류하는 사람에 따라 그 종류를 달리 하고 있다. 그 종류를 보면 다음과 같다.
 절접(切接), 할접(割接), 합접(合接), 박접(剝接), 안접(鞍接), 결접, 설접(舌接), 교접(橋接), 상접(箱接), 삽접(揷接), 복접(腹接), 기접(寄接), 근접(根接), 아접(芽接) 등이 있다. 이렇게 여러 가지의 종류가 있지만 소나무 접목은 할접법으로 많이 이용하기 때문에 할접만 소개 한다.

4) 접목 시기

접목에 적당한 시기는 식물의 종류와 그 지방의 기후, 접목 방법에 따라 다르며 가장 적당한 시기로는 가지접에 있어서는 세포분열이 왕성한 봄철 즉 수액의 유동이 시작할 시기이다. 접목을 할 때는 날씨가 흐리고 바람이 없는 날을 택하여 아침 일찍부터 오전 중에 하는 것이 좋다.

- 구체적인 접목 시기는 물이 오르지 않은 접수를 물이 오를 때(대목)에 붙여 놓아야 가장 좋다.
- 그 이유는 접수는 대목에서 제공하는 수액을 즉시 흡수하면서 물이 올라가면 활착이 가능해지기 때문이다.

5) 접목과정
(1) 접수채취 및 보관
접목에 있어서 새로운 식물을 지탱하는 식물을 대목이라 하고 접붙이는 것을 접수라 한다.
① 접수의 채취 시기
- 접수는 접목하기 전 즉, 접수가 물이 오르기 전에 채취한다.
- 접수의 채취 시기는 2월 중순부터 3월초까지가 알맞다.
- 접수는 접목할 때 따서 쓰는 것이 아니고 미리 채취 하였다가 사용해야 된다.
② 알맞는 접수 채취
- 접수의 채취는 생장이 너무 저조한 나무가 아니고 정상적으로 자란 충실한 나무 중에서 나무의 마디 사이가 고르고 접목하기에 알맞은 모수에서 채취한다.
- 접수의 굵기는 대목과 비슷한 연필의 굵기보다 약간 가는 직경이 5~6mm 정도 되는 1년지를 채취한다.
③ 접수의 저장

- 접수의 저장은 대목과 접수관계의 조절로서 활착율을 증진시키려는 것이다.
- 접수의 생육기온에 도달하지 않은 저온으로 10℃ 이하의 장소 일것.
- 접수는 생육이 되지 않고 저온으로 접수의 가지가 마르지 않도록 냉장고에 4~5℃에서 저장 한다.
- 직사광선이 쪼이지 않는 70% 전후의 습도를 유지하여 접수를 30~50개씩 단을 묶어 축축한 톱밥이나 수태(이끼)를 묶어서 비닐포장하여 보관한다.
- 톱밥이나 수태를 살균 소독하면 더욱 좋다.
- 보관 방법 중 냉장실 창고를 이용하면 온도를 확실히 조정 할 수 있으므로 더욱 유리하다.

접수 보관

(2) 대목 및 접수조제

① 대목 양성

종자를 파종하여 1년생을 봄에 ㎡당 64본을 이식하여 2생으로 묘목을 생산하여 이용 할 수 있는 것을 대목이라 말한다. 즉 새로운 식물을 지탱하는 식물을 대목이라 하고 접붙이는 것을 접수라 한다.

파종묘(1년생)

대목묘 양성(2년생)

② 대목조제

대목의 길이는 땅에서 5~10cm로 가지를 직각으로 절단 한 후에 절단면을 빤빤하게 만든 다음 대목의 중심부에 칼을 대고 위에서 2cm정도 의 칼자국을 내준다. 많은 량의 접목을 실시 할 때는 2년생의 대목묘에 접목을 하는것이 적당하다.

③ 접수 조제

대목(2년생)

대목조제

접수삽입

접목완성

접수의 길이는 5~7cm로 접수의 밑 부분에 잎을 따낸 다음 접수의 아래 부분을 쐐기모양으로 양쪽에 측면을 내고 뾰족하게 한다. 측면이 너무 경사지지 않는 것이 좋다.

접수조제 전(좌)과 후(우)의 모습

(3) 접목실시 및 과정

① 접목 도구 및 과정
(할접법)

- 접목 도구

접목도구는 비닐끈 (두께0.03mm) 길이 25cm, 폭2.5cm, 접목칼, 전정가위를 준비하면 된다.

② 접목실시 과정

준비된 접수를 쐐기로 벌려 놓은 대목의 양쪽 형성층에 맞추어 접수를 삽입한 다음 접수가 움직이지 않도록 조심하여야 하며 또 형성층은 대목의 굵기와 접수의 굵기가 서로 다를 경우 한쪽만 정확히 맞춘 다음 빗물이 들어가지 않도록 비닐로 단단히 감아 맨다.

- 집게 접목

이방법은 비닐테이프로 감아매는 방법이 아닌 간단하게 집게를 이용하여 할접으로 집게접목을 말한다. 관리요령은 위 방법과 같다.

6. 사후 관리

- 접목이 완료된 후에는 이들 접목된 묘목위에 비닐하우스를 설치하고 그 위에 차광막(90%)을 설치하여 빛을 차단한다. 비닐하우스의 내부온도는 25~30℃, 습도는 70~80%로 유지하고, 5월부터는 온도가 35~50℃이상 올라가 고사하기

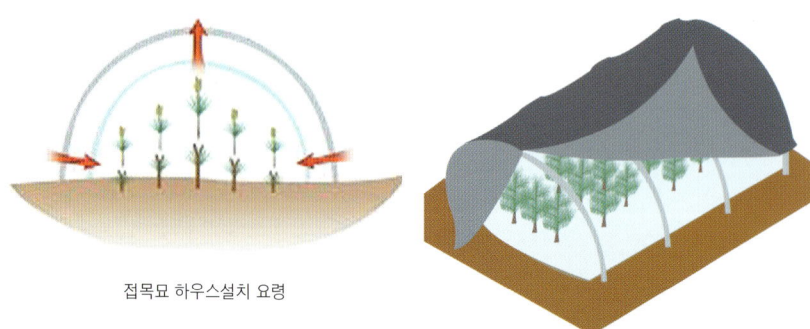

접목묘 하우스설치 요령

하우스 접목

쉽다. 이때는 양쪽에 통풍이 되도록 열어놓고 온도를 조절 한다.

- 6월경에는 온도(50°~60°)가 상승하므로 중간 중간에 비닐을 뚫어 통풍이 되게 한 후 서서히 비닐과 차광막을 제거하게 되는데 이때 차광막은 흐린 날에 제거하여 묘목이 햇빛에

점차 적응 하도록 한다.
- 접목후의 관리는 일반적인 양묘와 마찬가지로 제초, 시비, 병해충의 구제 방법등은 물론 특히 접목묘에 대한 대목에맹아가 나오면 잎 따기와 결박된 비닐을 풀어준다.
(6월하순~7월상순)

1) 접목 관리 및 포장

활착된 접목묘

접목묘 관리

접목묘 포장

참고 문헌

1. 김정수. 1987. 현대분재전서. 동도문화사. 1.2권.

2. 김홍은외2인. 2003. 조경실제론, 중부출판사.p98-104.

3. 이상웅. 2000. 조경수 재배반. 공주대학교. p101-105

4. 심경구외11인. 1989. 조경수목학. 문운당. p43-47.

5. 산림청. 1981.임업기술. p380-382.

6. 2000. 산림과 임업기술. 산림청. p434.

7. 주택문화사. 2005. 주택조경 설계집. p77.

8. 김시형외 4인. 1990. 조경핸드북. 도서출판국제. 1124-1126.

9. 임경빈. 식물의 번식.1993. (주)대한교과서. p373.

10. 조경수지. 1997. 조경수협회. 9-10월. 제40호. p27-30

제4장
병해방제

제4장 병해방제

소나무의 주요병해 생태 및 방제

 우리나라의 천연소나무림은 전체 산림면적의 23%인 1,507천ha를 차지하여 가장 많이 분포하고 있으며, 최근에는 한국인의 정체성을 나타내는 소나무의 인공조림이 꾸준히 늘고 있다(2004년, 산림청 통계). 그러나 우리의 문화생활과 깊게 관련 있는 소나무가 소나무재선충병 등의 병충해, 산불, 국토개발로 인한 벌채 등 여러 가지 요인으로 인하여 계속 큰 폭으로 감소하고 있어 보존관리가 시급한 형편이다. 따라서 주요수종인 소나무를 체계적으로 가꾸고 관리하는 일이 중요하며 특히 소나무재선충병등 심각한 피해를 주고 있는 다수의 병들이 있으므로 이들 병해에 대한 생리생태를 이해하고 대비하는 것이 중요하다.
소나무(소나무, 곰솔)의 병해에는 <표 1>과 같이 잎의 병해가 8종, 가지 및 줄기의 병해가 6종, 뿌리의 병해가 2종, 소나무재선충병, 묘포장에서 발생하는 모잘록병과 역병이 보고되어 있다. (2004년, 한국식물병명목록).
 그 중 주요한 소나무의 병해로는 소나무재선충병, 침엽에 발생하는 갈색무늬병 · 잎녹병 · 그을음잎마름병 · 가지끝마름병(디플로디아 잎마름병)·잎떨림병, 가지나 줄기에 발생하는 피목가지마름병·흑병·푸사리움가지마름병·줄기녹병, 뿌리를 죽이는 리지나뿌리썩음병과 묘포장에서 문제가 되고 있는 모잘록병 등으로 손꼽을 수 있다.

〈표 1〉 소나무의 병해별 발생부위 및 병원균

발생부위	병명	기주	병원균명
잎	갈색무늬병	소나무	*Scirrhia acicola*
	잎마름병	소나무	*Pseudocercospora pini-densiflorae*
	잎마름병	소나무	*Truncatella hartigii*
	그을음잎마름병	소나무	*Rhizosphaera kalkhoffii*
	디스코시아잎마름병	소나무	*Discosia pini*
	잎녹병	소나무	*Coleosporium asterum* *C. campanulae* *C. phellodendri* *C. pini-asteris*
		곰솔	*C. xanthoxyli* *C. pini-thunbergii*
	잎떨림병	소나무 곰솔	*Lophodermium pinastri* *Lophodermium* sp.
	가지끝마름병	소나무	*Sphaeropsis sapinea*
가지, 줄기	줄기녹병	소나무	*Cronartium flaccidum*
	혹병	소나무, 곰솔	*Cronartium quercuum*
	피목가지마름병	소나무, 곰솔	*Cenangium ferginosum*
	푸사리움가지마름병	곰솔	*Fusarium circinatum*
	줄기심재썩음병	소나무	*Fomes pinicola* *Polystictus polyzonus*
뿌리	리지나뿌리썩음병	소나무, 곰솔	*Rhizina undulata*
	아밀라리아뿌리썩음병	소나무	*Amillaria mellea*
전체	소나무재선충병	소나무, 곰솔	*Bursaphelenchus xylophilus*
	모잘록병	소나무	*Aristadiplodia pini* *Fusarium oxysporium* *Phythium ultimum* *Rhizoctonia solani*
	역병	곰솔	*Phytopathora derchsleri*

1. 소나무재선충병
(材線蟲病 : Pine wilt disease)

피해지 전경

고사목 확대(솔잎이 아래로 처짐)

가. 병징 및 표징

 소나무재선충병에 걸린 나무는 한여름에 갑작스럽게 빨갛게 말라죽는다. 소나무재선충이 침입하면 수주 후부터 잎이 시들기 시작하여 묵은 잎이 먼저 아래로 처지면서 시들고, 피해가 진전되면 새잎도 처지면서 죽는다. 줄기에 상처를 주어도

산란흔

침입공

수피 밑의 배설물

송진 유출량이 감소하거나 정지되며 목질부가 건조해지면서 잎이 황색에서 갈색으로 변하면서 말라죽는다.

소나무재선충은 이동력이 없어 매개충인 솔수염하늘소에 의해 전파되며, 죽은 나무의 수피(樹皮)를 자세히 관찰하면 매개충이 산란하기 위하여 물어뜯은 흔적과 침입공이 발견되고, 수피 밑에는 가늘고 긴 배설물이 나온다.

나. 병원체 : *Bursaphelenchus xylophilus* Nickle

소나무재선충은 길이 0.6~1㎜정도의 선형(線形)동물로서 매개충인 솔수염하늘소가 소나무의 신초를 가해할 때 나무 조직내부로 침입한다. 1세대의 경과일수는 25℃에서 4~5일 정도이며 계속 반복하여 번식하므로 1쌍이 20일 후에는 20만 마리로 증식한다.

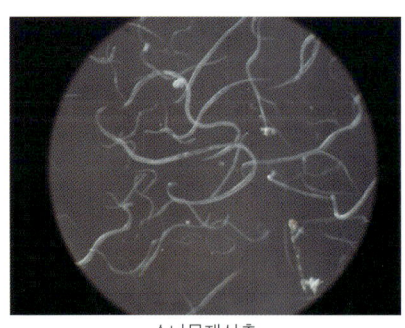
소나무재선충

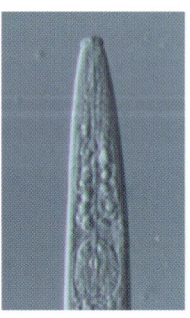
머리부분

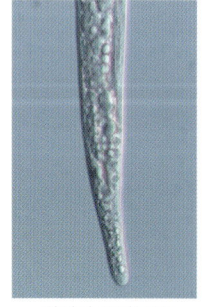
암컷의 꼬리부분

다. 피 해

소나무재선충병은 1900년대 초부터 일본에서 발생하여 일

본 전국의 소나무와 곰솔을 죽인 병해이다. 일단 병이 들면 거의 모두 말라죽기 때문에 소나무에이즈라 부르기도 한다. 우리나라에는 1988년 부산 금정산에서 처음 발견된 이후 피해가 확산되어 2005년에는 경남지역, 경북의 포항·구미·청도·울산 등, 전남의 신안·목포, 제주도의 제주, 강원도의 동해와 강릉에 발생하였다. 피해수종은 소나무와 곰솔에 피해를 주고 있다.

라. 방제법

○ 매개충의 우화시기 이전인 5월 이전에 피해목을 벌채하여 소각하거나 훈증한다. 벌채조제한 피해목 m^3당 메탐소디움을 1ℓ를 넣고 신속히 비닐(타프린소재)로 밀봉하며, 직경 2㎝ 이상의 잔가지까지 철저히 수거하여 훈증처리 하여야 한다. 그루터기도 같은 요령으로 처리한다.

○ 피해발생지 및 외곽의 확산우려지에는 매개충의 우화 및 후식피해시기인 5~7월에 메프 유제 또는 치아클로프리드액상수화제를 ha당 물 33ℓ에 약제 1ℓ를 희석하여 3~5회 항공 살포한다.

○ 지상 약제살포는 5~7월에 메프 유제(50%) 500배액을 10일 간격으로 2~3회 수관에 골고루 살포한다.

○ 톱밥제조기나 칩제조기를 이용하여 1.5㎝ 이하로 분쇄한다.

이병목과 그루터기 훈증 전경

2. 갈색무늬병
(褐斑病 : Brown spot, needle blight)

가. 병징 및 표징

 침엽의 끝부분에 주로 발생한다. 처음에는 옅은 녹색~노란색의 작은 반점이 나타나나, 수일 후에는 갈색의 밴드를 형성하거나 밴드 윗부분이 갈색~회갈색으로 말라 죽는다. 늦여름이 되면 병든 부위의 수피를 뚫고 검은색의 작은 돌기(병원균의 자좌)가 약간 솟아오른다.

병징

 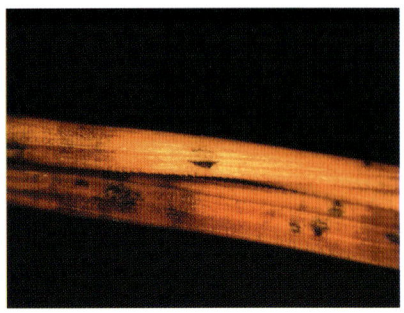

이병침엽 확대(표징)

나. 병원균 : *Scirrhia acicola* Funk et Parke

 병원균의 형태는 원통형~방추형으로서 약간 암갈색을 띤다. 우리나라에서는 병원균의 자낭세대(완전세대)는 확인되지 않았다.

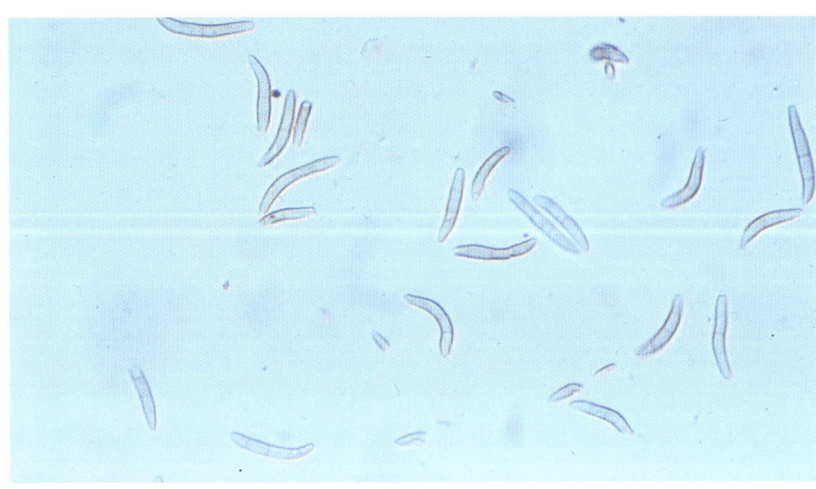

병원균

다. 피해

 늦은 여름부터 발생하기 시작하며 수관하부의 침엽에 주로 발생한다. 어린나무가 심한 피해를 받으면 죽기도 한다. 외국에는 왕솔나무를 비롯하여 약 30종류의 소나무류에 피해를 주는 것으로 알려져 있으나 우리나라의 경우 소나무에 발생하여 피해를 주고 있다.

라. 방제법

○ 심하게 발생한 묘포장에서는 연작을 하지 않도록 하고, 병든 낙엽은 제거한다.
○ 5~10월에 2주 간격으로 보르도액, 만코지 수화제 등을 살포한다.
특히 침엽이 전개되는 6~7월에는 집중적으로 관리가 되도록 한다.

3. 잎녹병(葉銹病 : Leaf rust)

가. 병징 및 표징

 병징이 소나무류의 묵은 잎에 나타나는 시기는 4월 초순부터 약 1개월 정도이다. 처음에는 갈색의 작은 점(녹병정자기)이 침엽에 나타나고, 곧 바로 황색 또는 황백색의 작은 주머니(녹포자퇴)가 나란히 형성된다. 녹포자퇴의 크기 및 침엽에서의 배열상태는 병원균의 종류에 따라 다르게 나타난다. 녹포자퇴가 터지면서 황색가루(녹포자)가 비산하고 병든 잎은 부분적으로 퇴색하며 말라 죽는다.
병원균의 종류에 따라 기주 및 중간기주를 달리하지만 병징은 거의 비슷하다. 침엽의 녹포자퇴에서 비산한 녹포자는 주

병징

위의 중간기주의 잎을 침입하고 7월 이후에는 잎 뒷면에 황색의 작은 여름포자퇴가 형성되며 성숙한 여름포자는 8월경까지 반복적으로 전염한다. 8~9월에는 중간기주의 잎에 겨울포자퇴를 형성하고 겨울포자가 발아하여 형성된 담자포자는 소나무류의 침엽에 침입하여 월동한다.

녹병정자기

녹포자퇴

나. 병원균 및 기주식물

병원균	기주(0, I)	중간기주(II, III)
Coleosporium asterum	소나무	쑥부쟁이류, 취류 등 국화과식물
C. campanulae	소나무, 해송	잔대, 애기도라지, 모싯대
C. phellodendri	소나무	황벽나무
C. xanthoxyli	해송	산초나무

여름포자퇴(산초나무)

여름포자퇴(황벽나무)

다. 피해

 중간기주식물이 주변에 있을 경우에 피해가 심하며, 병든 나무는 정상적인 나무보다 일찍 잎이 떨어져 생장에 손실을 주지만 급속히 말라 죽지는 않는다. 매년 심한 피해를 받은 묘목은 말라죽기도 한다.

 여름포자가 반복적으로 전염하므로 중간기주식물에 피해가 더 크다.

산초나무의 경우 여름부터 낙엽지기 시작하며, 심하게 낙엽질 경우에는 열매가 성숙하지 않아 산초수확에 큰 피해를 주고 있다.

라. 방제법

○ 피해임지 외곽 5~10m 이내에 풀깎기를 하며, 소나무류 임지에서는 중간기주식물을 제거한다.

○ 만코지 수화제 600배액을 겨울포자가 발아하기 전인 9~10월에 3주 간격으로 2~3회 살포한다.

○ 산초나무에는 헥사코나졸 액상수화제등 녹병 전문약제를 6월 말경부터 수회 뿌려준다.

4. 그을음잎마름병
(媒葉枯病 : Rhizosphaera needle blight)

가. 병징 및 표징

 당년생 잎 끝 부분이 적갈색으로 변하고 침엽의 ⅓~⅔까지 확대되며 건전부와 뚜렷하게 구분이 된다. 병든 부위는 회갈색~회색으로 지저분하게 변하고, 변색부에는 구형의 작은 돌기가 기공을 따라 줄지어 형성되고 낙엽이 된다.

병징

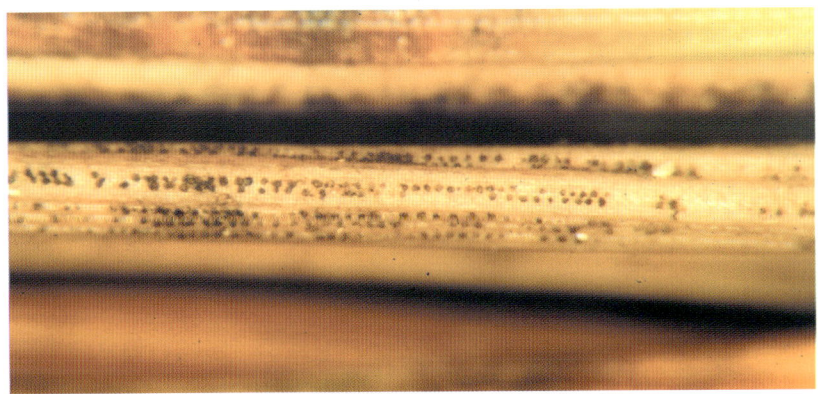

표징(기공을 따라 형성된 병자각)

나. 병원균 : *Rhizospaera kalkhoffii* Bubak

병원균의 형태는 타원형이며 무색단포이다.

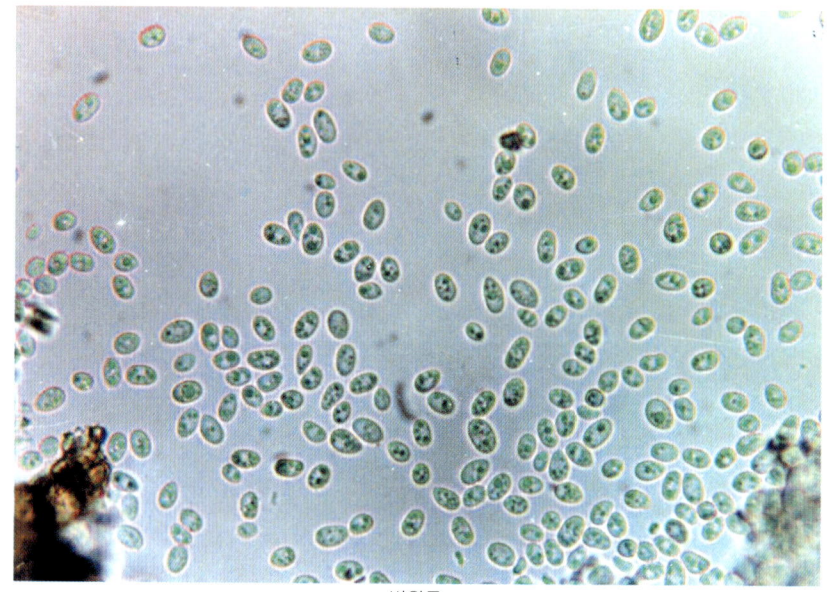

병원균

다. 피해

이른 봄 생장개시기 전후에 너무 습하거나 건조하여 뿌리발달이 나쁠 때나 아황산가스 등 대기오염 피해를 받은 나무에 피해가 심하다.

라. 방제법

뿌리발달이 저해되지 않도록 관리하고, 만코지 수화제 500배액을 4월 하순부터 10월까지 2주 간격으로 3~4회 살포한다.

5. 가지끝마름병
(赤枯病 : Diplodia needle blight,
Tip blight)

가. 병징 및 표징

 가지끝마름병은 침엽수의 디프로디아 잎마름병으로도 알려져 있으며, 침엽 및 신초가 피해를 받는다. 피해를 받은 어린 가지는 갈색~회갈색으로 변하면서 죽으며, 간혹 건전부와의 경계부에 송진이 흐르는 경우도 있다. 송진이 굳어지면 병든 가지는 쉽게 부러진다. 이러한 피해는 명나방이나 얼룩나방의 후식피해에 의한 초두부 고사증상과 아주 비슷하나, 해충

피해전경

병징

표징(신초부위와 침엽)

에 의한 가해흔적(터널이나 배설물)이 없으므로 쉽게 구별된다.

늦여름이 되면 침엽 및 어린 가지의 변색부에는 구형~편구형의 흑색돌기(병자각)가 형성되어 수피를 뚫고 돌출한다.

나. 병원균 : *Sphaeropsis sapinea* (Fr.)Dyko & B.Sutton [*Diplodia pinea* (Desmazieres) Kickx]

병원균은 타원형~장타원형의 암갈색이며 0~1개의 격막을 가진다.

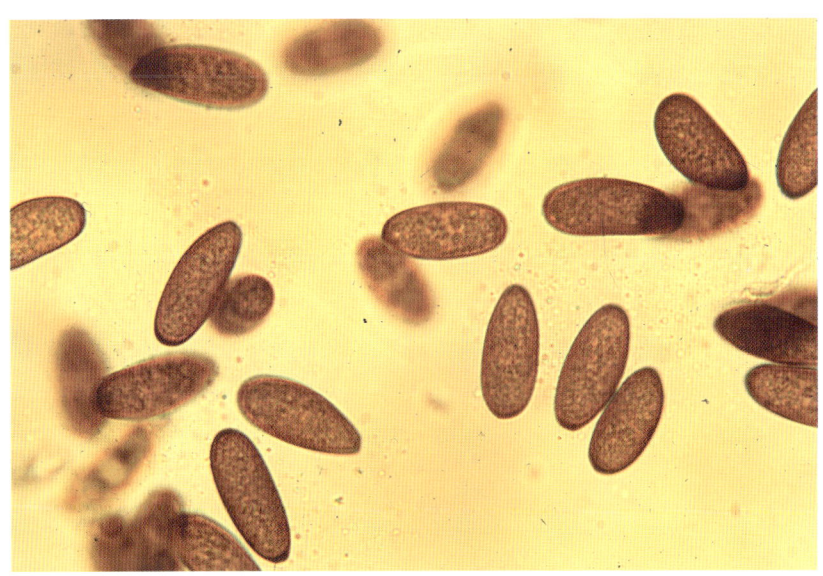

병원균

다. 피해

 일반적으로 당년생의 신초와 침엽을 고사시키며, 어린 나무부터 20~30년생의 큰 나무까지 피해를 준다. 특히 환경적인 요인 즉 관리부족, 가뭄, 우박 혹은 눈피해, 토양경화, 햇빛부족, 곤충피해, 기계적인 상처 등에 의해 스트레스에 노출되면 피해를 주는 것으로 알려져 있다.

마. 방제법

○ 나무가 강건하도록 비배관리를 철저히 하고 병든 낙엽은 태우거나 또는 묻는다.

○ 6월 중순~8월 중순사이에 2주 간격으로 베노밀 수화제 1,000배액 또는 만코지 수화제 500배액을 살포한다.

○ 수관하부에서 발생이 심하므로 어린 나무의 경우 풀베기를 실시하며 수관하부를 가지치기하여 통풍을 좋게 한다.

6. 잎떨림병(葉枯病 : Needle cast)

가. 병징 및 표징

 4~5월 묵은 잎에 적갈색의 반점이 나타나며, 적갈색 반점은 곧 갈색의 밴드를 형성하거나 갈색으로 말라 죽는다. 변색된 부위에는 1~2㎜정도의 흑갈색 타원형 돌기(자낭반)가 다수 형성되며, 6월 하순~8월 초순 비가 내린 직후나 다습한 상태에서 자낭반이 세로로 열리면서 자낭포자가 비산하여 새로 나온 잎의 기공을 통하여 침입한다. 자낭포자가 침입된 잎에는 황색의 아주 작은 반점이 형성되어 겨울을 보낸다.

병징(곰솔)

병든 잎 확대(곰솔)

나. 병원균

소나무 : *Lophodermium pinastri* (Schrad.) Chevall

곰 솔 : *Lophodermium* sp.

 침엽에 형성된 자낭반은 장마철에 성숙하여 입술모양으로 벌어지고 자낭포자가 비산한다. 자낭포자는 무색의 실모양으로서 자낭 속에 8개의 포자를 형성하고 실모양의 측사가 있다.

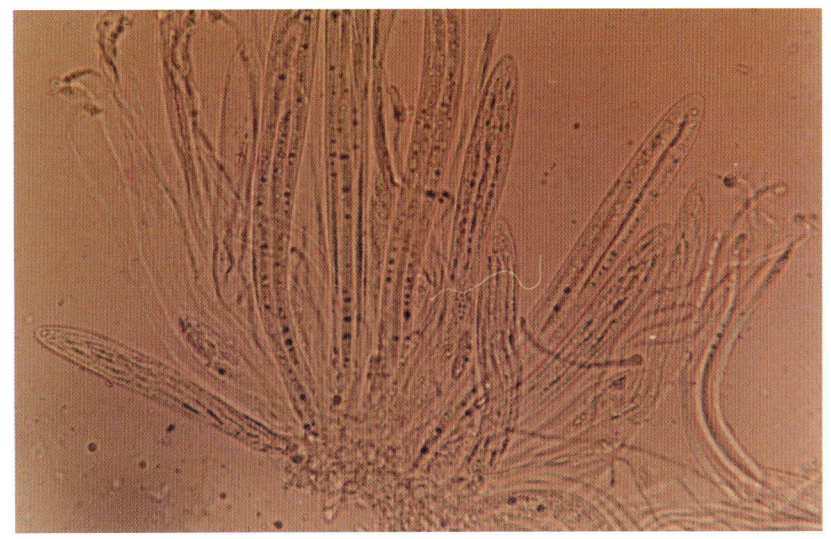
병원균

다. 피해

 4~5월 새잎이 나오기 전에 묵은 잎이 적갈색으로 변하나 잣나무 잎떨림병과 같이 조기에 낙엽지는 경우는 드물다. 병든 나무는 급격히 말라죽지는 않으나 수년간 계속적으로 피해를 받으면 생장이 뚜렷하게 떨어진다. 곰솔의 경우는 전형적으로 병적인 증상을 나타내어 묵은 잎이 상당히 피해를 받는다.

라. 방제법

○ 묘포에서는 비배관리를 철저히 하고 병든 낙엽은 태우거나 묻는다.
○ 수관하부에 발생이 심하므로 조림지에서는 풀깍기를 하며

가지치기를 하여 통풍을 좋게 한다.
○ 6월 중순~8월 중순 사이에 베노밀 수화제, 만코지 수화제를 2주 간격으로 뿌린다.

7. 피목가지마름병
(皮目枝枯病 : Cenangium twig blight)

피해전경(곰솔)

병징(곰솔)

가. 병징 및 표징

 4~5월경부터 가지의 분지점(分枝點)을 경계로 가지가 적갈색으로 변하면서 죽고 어린나무는 줄기가 침해받아 나무전체가 죽는다. 병든 부위의 피목에는 짙은 갈색의 돌기(子囊盤)가 모여서 솟아 나오고 장마철 습기가 많을 때에는 부풀어 올라서 황갈색의 접시모양(2~5㎜)으로 퍼진다. 발생 초기에는 수피를 약간 벗겨보면 내피에 검은색의 미숙한 균체(미숙자낭반)가 형성되어 있어 본 병을 진단할 수 있다.

 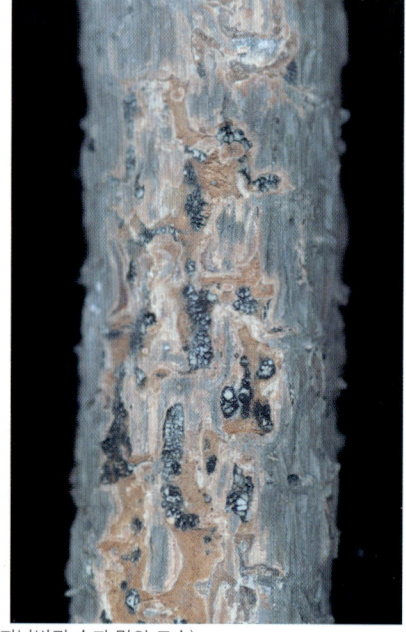

표징(피목에 돌출된 미숙 자낭반과 수피 밑의 모습)

나. 병원균 : *Cenangium ferruginosum* Fries

피목에 돌출한 자낭반은 장마철에 성숙하여 접시모양으로 벌어지다가 건조하면 다시 수축한다. 자낭포자는 무색 타원형으로서 곤봉 모양의 자낭 속에 8개의 포자를 형성하고 실모양의 측사가 있다.

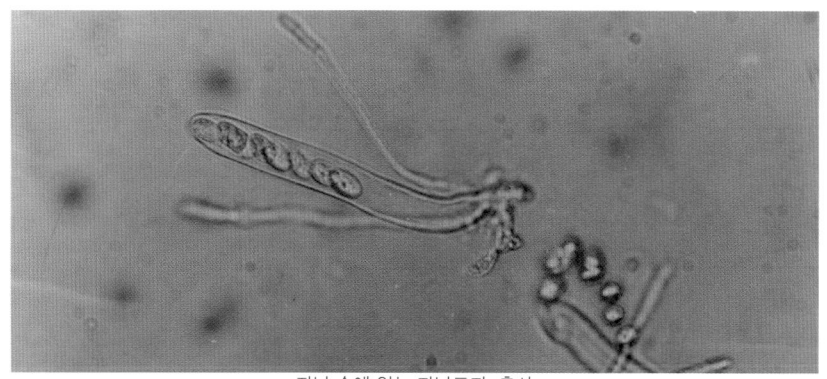

자낭 속에 있는 자낭포자, 측사

다. 생태 및 피해

병원균의 병원성은 약하다고 알려져 있으며, 건강한 나무 또는 임지에서의 피해는 경미하나, 해충피해, 이상건조 등으로 수세가 쇠약할 때는 넓은 면적에 발생하기도 한다. 공원이나 아파트단지에서 흔히 발견되는 병해이다. 우리나라에서는 1988년과 1996년 가을과 겨울에 걸친 이상건조로 남부지방에서는 소나무외 곰솔, 중부지방에서는 잣나무에 많은 피해를 받았다. 2002년도에는 아차산에서 집단적인 피해를 받은 적이 있다.

라. 방제법

 나무가 건전하게 자랄 수 있도록 육림작업을 철저히 하며, 병든 가지는 6월까지 잘라 태운다.

8. 혹병(癌腫病 : Pine-oak gall rust)

피해전경

표징(노란색의 녹포자)

여름포자퇴(참나무)

겨울포자퇴(참나무)

가. 병징 및 표징

 소나무의 가지나 줄기에 작은 혹이 생겨 이것이 해마다 비대하여져서 30㎝이상의 혹으로 자라기도 한다. 1월~2월이 되면 이 혹에서 단맛이 나는 즙액이 방울방울 맺히고 혹 표면이 거칠게 갈라져서 거북등처럼 보인다. 4월~5월에 혹의 갈라진 틈에서 황색가루의 녹포자(銹胞子)가 비산하여 중간기주인 참나무류의 잎에 날아가 기생한다. 5월~6월에는 참나무류의 잎 뒷면에 황색가루의 여름포자(夏胞子)가 형성된다. 7월~8월 이후에는 황색가루가 퇴색하면서 실과 같은 흑갈색의 겨울포자퇴(冬胞子堆)가 생기고 이것에서 담자포자를 형성하여 소나무에 침입한다.

나. 병원균 : *Cronartium quercuum* Miyabe ex Shirai

 소나무에서는 4~5월에 혹표면의 찢어진 부위에 노란색의 녹포자를 형성하여 비산하며, 여름포자 및 겨울포자는 참나무 잎뒷면에 나타난다.

다. 기주

 소나무, 곰솔(중간기주· 참나무류)

라. 피해

참나무류와 인접한 소나무에서 흔히 볼 수 있는 병해이나 조경수목에서는 감염된 나무가 이식되어 간혹 나타난다. 주로 나무의 가지나 줄기에 침입하여 혹을 형성하는데 간혹 지상부의 노출된 근부(根部)에도 발생한다. 병환부인 혹의 표면은 거칠고 조직이 연약하여 해충의 피해를 받기 쉽고, 강한 바람 또는 폭설 등에 의하여 부러지기 쉽다. 병원균은 소나무와 참나무류를 기주교대하는 이종기생균(異種寄生菌)이다.

마. 방제법

○ 병든 가지와 줄기는 잘라서 태우고 소나무와 참나무류는 같은 장소에 심지 않도록 한다.

○ 상습적으로 발생하는 곳에서는 가을에 참나무류의 잎을 모아서 소각한다.

○ 묘포장에서는 9월 상순부터 2주간격으로 만코지 수화제를 2~3회 살포한다. 봄철에는 참나무류와 소나무에 석회유황합제, 동수화제 등을 살포한다.

9. 푸사리움가지마름병
(枝枯病 : Pitch canker)

가. 병징 및 표징

주로 1~2년생의 가지가 말라죽으며, 심한 경우에는 줄기까지 침입한다. 가지, 줄기, 구과 등의 감염부위로부터 송진이 흘러 흰색으로 굳어져 있는 것이 전형적인 특징이다. 피해를 받은 가지는 변재부까지 송진이 침투되어 갈색~짙은 갈색으

피해전경(윗부분의 가지가 고사, 리기다소나무)

로 변색되고, 때로는 많은 양의 송진이 흘러 줄기의 1m 이상을 덮는 경우도 있다. 아주 드물게 가지의 엽흔이나 구과표면에 분홍색의 균퇴가 형성된다.

피해가지(감염부위에 송진이 흐름)

나. 병원균: *Fusarium circinatum* Nirenberg & O'Donnell

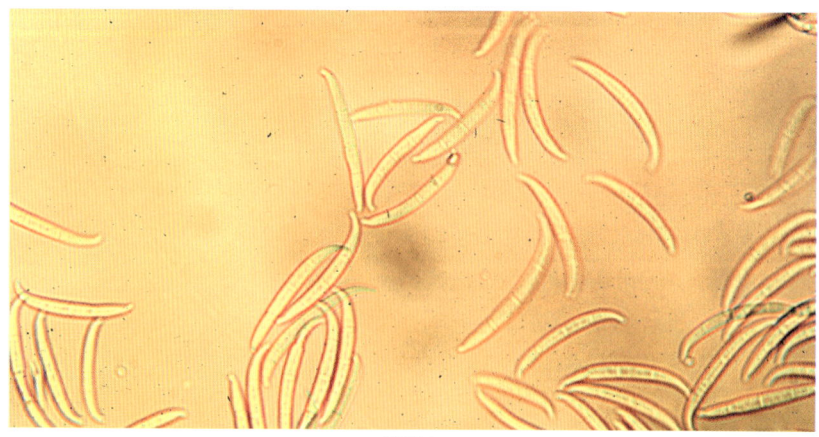

병원균

장마철에 솔방울이나 침엽이 떨어진 부위(엽흔)에는 연분홍~미색의 포자퇴가 형성된다. 병원균은 무색의 초승달모양으로 3~5개의 격막을 가지고 있다.

다. 기주

주로 리기다소나무에 발생하지만 곰솔, 리기테다소나무, 테다소나무에도 피해를 주고 있다.

라. 피해

이 병의 피해는 2~3년생의 어린 나무에서부터 직경 30cm 이상의 큰 나무까지 말라죽게 하며, 밀식된 조림지에 피해가 심하다. 푸사리움가지마름병은 1946년 미국 플로리다에서 최초로 발생이 보고되었으며, 미국 캘리포니아 지역의 라디아타소나무림으로 확산되면서 발생면적 920만ha, 감염율 85%, 고사율 25%이라는 막대한 피해를 주고 있다. 우리나라에서는 1996년 경기지역의 리기다소나무림에서 최초 발견되었으며, 서해안에서 내륙으로 점차 확대되어 2005년 현재 11,603ha에 걸쳐서 피해를 주고 있다(산림청 통계).
병원균의 병원성은 대단히 높다고 보고되어 있으며, 피해가 심한 입지에서는 많은 나무가 일시에 죽는다. 병원균은 바람이나 우박과 같은 기후적인 원인에 의한 상처, 나무좀류·바구미류 등의 해충에 의한 상처 또는 기계적인 상처 등을 통하여 침입한다.

마. 방제법

○ 병든 가지는 잘라서 태운다.

○ 과밀임분은 간벌을 실시하고 고사목이나 고사지를 제거하여 임내를 정리한다.

○ 양묘용 종자는 종자소독제(치아벤다졸, 벤레이트티, 호마이 등)로 소독한 후 파종한다.

○ 묘포에서는 치아벤다졸 수화제 300배액을 수회 뿌린다.

○ 나무좀류, 바구미류 구제를 위한 살충제를 뿌린다.

10. 리지나뿌리썩음병
(根部病 : Rhizina root rot)

가. 병징 및 표징

 주로 해안가의 송림에 발생하며 군집으로 말라죽는다. 병원균의 균사에 뿌리가 침해받으므로 나무전체가 수분을 잃어 마르는 증상을 나타내고 적갈색으로 변하며 죽는다. 처음에는 땅가에 가까운 잔뿌리가 검은 갈색으로 썩고 점차 굵은 뿌리로 번지며, 병든 뿌리를 캐어보면 분비된 송진으로 뭉친 모

피해전경

자실체(파상땅해파리버섯)

오래된 자실체

래덩이를 볼 수 있다. 병든 나무 및 죽은 나무 주변에는 굴곡을 가진 해파리형태의 갈색버섯(파상땅해파리버섯)이 발생하는데 이 버섯의 존재는 리지나뿌리썩음병 발생진단에 중요한 판단기준이 된다.

나. 병원균 : *Rhizina undulata* Fr. & Fr.

 미숙한 자실체는 접시모양이나 성숙해지면서 위로 솟아올라 주름이 잡혀 동물의 뇌 모양으로 자란다. 자실체의 색깔은 갈색이며 생장기에는 가장자리가 흰색을 띤다. 자낭포자는 무색의 방추형으로서 기둥 모양의 자낭 속에 8개의 포자를 형성하고 실모양의 측사가 있다.

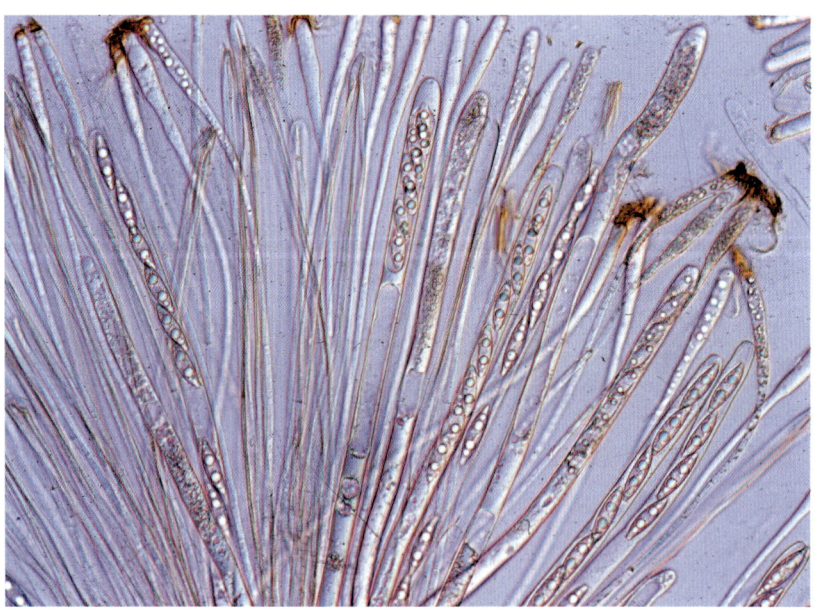

병원균 (자낭포자와 측사)

다. 발병 생태 및 피해

 해안림에서 군집으로 발생하며, 우리나라에서는 1982년 경주 남산에서 처음 발견되었으나 유럽, 미국, 일본 등에서 문제가 된지 오래된 병으로 장령목이 집단적으로 말라 죽는다. 병원균의 포자가 발아하기 위해서는 약 40~60℃의 지중온도가 필요하기 때문에, 모닥불자리나 산불피해지에 많이 발생한다. 일단 병이 발생하면 1년에 약 6~7m정도의 불규칙한 원형을 이루면서 피해가 확산하고 피해지내의 나무는 대부분 고사한다. 병원균은 기본적으로 토양 내 다른 미생물과의 경쟁에 매우 약하며 특히 산성토양에서 발생이 많은 것으로 알려져 있다.

라. 방제법

○ 소나무임내에서는 어떠한 형태(쓰레기소각, 취사, 놀이 등)이든 불을 피우는 행위는 철저히 삼가야 한다. 특히 여름철 해수욕장 주변의 소나무림에서 이 문제는 대단히 심각하며 지속적인 홍보 및 계도가 필요한 사항이다.
○ 산불이 발생한 임지에서는 가능하면 동일한 수종을 심지 않도록 한다.
○ 피해를 받아 죽은 나무는 빨리 잘라서 이용하고 벌채목의 수피 및 잔가지는 임내에서 태우지 않도록 한다.
○ 피해임지에는 1ha당 2.5톤 정도의 석회를 뿌려 토양을 중

화시키며 피해지 주변에 깊이 80cm정도의 도랑을 파서 피해 확산을 막는다.

○ 피해지 주변 또는 피해목을 뽑아낸 장소에는 베노밀 수화제를 m^2당 2ℓ 정도씩 뿌려 피해확산을 방지하도록 한다.

11. 모잘록병(苗立枯病 : Damping-off)

가. 병징

 파종상, 묘포에서 주로 발생하며 피해증상은 5가지로 나눌 수 있다

1) **땅속부패형**: 파종된 종자가 땅속에서 발아하기 전후에 썩는다.
2) **도복형(倒伏型)**: 발아 직후 땅가부위가 잘록하게 되면서 쓰러져 죽는다.
3) **수부형(首腐型)**: 묘목이 지상부로 나온 후 떡잎, 어린줄기가 죽는다.

도복형의 피해전경

4) **뿌리썩음형**: 묘목이 생장하여 목질화가 된 여름이후에 뿌리가 검은색으로 변하면서 죽는다.
5) **줄기썩음형**: 묘목이 생장한 여름철 이후나 어린묘목의 땅가부근의 줄기가 침해되어 윗부분이 죽는다.

나. 병원균

Fusarium oxysporum, Rhizoctonia solani, Pythium debaryanum, Cylindrocladium scoparium 등 수종의 병원균이 관여하고 있다. 소나무와 같은 침엽수는 주로 *Fusarium*속균에 의한 피해가 많다.

다. 기주

이 병은 묘포의 고질적인 병해로서 특히 파종상에 피해가 심하며, 임지에서는 발생되지 않는다. 침엽수에서는 일본잎갈나무, 가문비나무, 삼나무, 편백나무, 리기다소나무, 잣나무 등에, 활엽수에서는 참나무류, 오동나무, 오리나무, 아까시나무, 자귀나무 등에 많이 발생한다.

라. 생태

전세계적으로 분포하는 묘포병해로 특히 파종 상에 큰 피해를 주고 있으며, 이른봄부터 발생하여 8월 초순까지 반복 감염된 후, 토양 속이나 병든 식물체에서 월동한다.

마. 방제법

1) 환경개선에 의한 방제

○ 묘상의 배수를 철저히 하여 과습을 피하고 통기성을 좋게 한다.

○ 파종량을 알맞게 하고 복토를 두텁지 않게 하며 밀식되었을 때에는 솎음질을 한다.

○ 질소질 비료의 과용을 삼가고 인산질 비료를 충분히 주며 완숙한 퇴비를 준다.

○ 병든 묘목은 발견 즉시 뽑아 태우고 병이 심한 포지는 돌려짓기를 한다.

2) 화학적 방제

○ 지오람 수화제 200배액에 24시간 담근 후 파종하거나 종자 1kg당 캡탄 수화제 3g을 고르게 묻혀 파종한다.

○ 파종 1주일 전에 다찌가렌 100배액을 묘상 1m^2당 3~5ℓ를 관주한다.

○ 모잘록병에 의한 피해가 발생하면 다찌가렌 600~1,000배액을 묘상 1m^2당 3~4ℓ씩 관주한다.

12. 홀몬형 이행성 제초제에 의한 피해

"잔디, 화본과목초 등과 같은 화본과식물을 제외한 모든 농작물과 과수, 화훼류, 관상식물, 수목류 등에 대하여는 약해가 심하니 이들 작물이 자라고 있는 부근에서는 절대로 사용하지 마십시오"라는 주의사항이 명시되어 있는데도 80년대부터 계속적으로 피해를 받고 있다. 모든 농약은 마찬가지이겠지만 반드시 주의사항을 숙지한 후에 사용하여 피해를 받지 않도록 하여야 할 것이다.

가. 증상

홀몬형 이행성 제초제를 흡수한 나무의 피해는 수종에 따라 다양하다. 일반적으로 잎이 넓은나무는 잎 끝부분이 심하게 꼬불거리거나 잎 전체가 뒤틀리는 등 특유의 기형을 나타낸다. 침엽수의 경우는 새순이 빨갛게 말라죽으며 제초제를 몇 회에 걸쳐 사용한 경우는 묵은 잎까지도 죽어 나무가 죽어버리는 경우도 있다.

나. 경로

이 제초제는 토양중의 수분에 의해 이동되는 능력이 매우 높은 농약으로서 수목에 직접 살포하지 않고 주위의 잡초제거를 목적으로 살포했다 하더라도 빗물이나 지하수를 통해 이동하여 뿌리로 흡수되어 피해를 준다.

다. 피해

침엽수의 피해전경(전나무)

겨우살이 흡수되어 나타난 비대증상(잣나무)

기형으로 나타난 피해(목련)

잎이 넓은 나무의 피해(은행나무)

제초제의 흡수량에 따라 다양하게 나타난다. 일반적으로 활엽수보다 침엽수에서 피해가 크다. 침엽수는 약하게 피해를 받은 경우 새잎이나 새순이 마르고 몇년간 피해증세를 보이다가 회복되지만, 경미한 피해라도 누적해서 피해를 받게 되면 나무가 고사한다. 특히 늦가을에서 이른 봄에 제초제를 살포했을 경우 소나무, 잣나무 등은 잎과 순이 비대생장하고 잎이 기형으로 꼬불거린다.

13. 소나무병해의 진단 및 간이검색표

 소나무의 병을 진단할 때에는 대상이 되는 병을 다른 유사한 질병과 구별하여 그것이 전염성 병해인가를 결정하고 전염성 병해인 때에는 병원체의 종류를 정확히 결정하지 않으면 안 된다. 진단은 수목병해방제의 기초수단으로써 대단히 중요하며, 정확한 진단에 따라서 초기에 적절한 방제대책이 마련되도록 한다.
이를 위하여는
1) 발생상황조사,
2) 외관적특징(병징과 표징검사),
3) 현미경에 의한 형태검사가 필요하며 또 병의 종류에 따라서는
 1) 접종시험에 의한 병원성 확인,
 2) 배양적 진단,
 3) 피해부위의 해부학적진단,
 4) 이화학적 진단,
 5) 면역학적진단,
 6) 분자생물학적 진단 등이 필요할 때도 있다.
 일반적으로 나무의 병해진단은 발생상황조사, 병징과 표징검사, 현미경에 의한 병원균의 특징을 조사하여 병원균을 동정하고 병명을 짓게 된다.
그러나 현장에서는 이렇게 세밀한 조사를 할 수 없으므로 주

요 소나무병해를 현장에서 간편하게 진단할 수 있는 검색표를 병징과 표징만으로 구분하면 다음과 같다.

발생부위	병징 및 표징	병명
잎	적갈색의 반점이 나타나고 잎끝부분이 고사	갈색마름병
잎	초봄에 2년생잎에 담황색의 작은돌기가 형성되고 바로 노란가루가 비산	잎녹병
잎	새잎의 끝부분이 마르고 기공을 따라 검은색 돌기	그을음잎마름병
잎	초봄에 전년도의 잎이 일제히 마르고 흑갈색의 방추형의 돌기가 약간 융기	잎떨림병
신초	신초가 죽고 검은색의 돌기가 수피를 뚫고 돌출	가지끝마름병
가지	상단부의 작은 가지가 말라죽으며 송진이 흐름	푸사리움가지마름병
가지, 줄기	초봄에 가지 및 줄기가 마르고 수피 밑에 검은색의 균퇴(菌堆) 형성	피목가지마름병
가지, 줄기	혹이 형성	혹병
뿌리	나무는 무리지어 죽으며 땅가에는 해파리 형태의 갈색 버섯 발생	리지나뿌리썩음병
전신	묘포에서 발생하며 땅가부근의 어린줄기가 잘록해지며 넘어짐	모잘록병
전신	여름이후 침엽이 급격히 마르고 수체(樹体)에서 송진이 거의 흘러나오지 않음	재선충병

제5장
충해방제

제5장 충해방제

소나무류 해충

예로부터 소나무는 우리 민족의 서민과 선비를 대변하면서 희노애락(喜怒哀樂)을 담고 있어 문화, 예술, 그리고 우리의 정서로 표현되는 대표적인 나무이다. 척박한 땅, 바위틈, 그리고 벼랑위에서 구불구불한 형태로 뒤틀린 나뭇가지는 우리 서민의 애환을 표현하였고, 기암절벽의 높은 곳과 홀로 서 있는 낙락장송(落落長松)은 절개 있는 선비로 묘사되기도 하였다. 이러한 우리 민족의 대표적인 소나무에 발생하는 해충 종류는 지금까지 약 200여종이 알려져 있다. 주요한 해충으로는 1929년 우리에게 처음으로 알려진 솔잎혹파리, 그리고 1983년에 알려진 솔껍질깍지벌레, 그리고 1988년 일본으로부터 침입한 소나무재선충병 등 주로 외래침입해충이 소나무를 괴롭혔다. 그리고 1970년대까지 소나무림에 막대한 피해를 준 솔나방, 그리고 항시 눈에 많이 보이는 소나무좀 등의 피해가 대표적인 소나무류 주요 해충이라고 할 수 있다.

이들 해충의 발생은 여러 가지 면에서 특징을 갖는데 해충의 생태적 특징, 가해 습성, 가해 부위 등에 따라 다양하게 분류되고 있지만 독자들의 이해가 쉽게 가해 부위별에 따른 해충의 종류로는 잎부위를 섭식하는 솔나방, 잎벌류, 솔박가시, 잎말이류, 솔수염하늘소, 삼나무독나방 등과, 잎에 기생하여 양분을 흡즙하는 솔잎혹파리, 깍지벌레류, 응애류, 진딧물류, 소나무거품벌레 등이 있고, 가지와 줄기를 가해하는 소나무좀과 같은 좀류, 흰점박이바구미와 같은 바구미류, 솔수염하늘소와 같은 하늘소류, 그 외 깍지벌레류와 진딧물류 등이 피해를 주는 해충이다.

1. 솔잎혹파리
(*Thecodiplosis japonensis* Uchida et Inouye)
· 파리목 혹파리과

솔잎혹파리 피해임지

산란중인 솔잎혹파리 성충

솔잎혹파리 피해를 받은 소나무

1) 발생상황

 1929년 전남 목포와 서울 경복궁의 비원에서 최초 발견된 이후 현재는 남한 전역과 북한의 금강산까지 확산된 대표적인 소나무 해충이다. 이 해충은 유충이 솔잎 기부에 혹을 형성하고 그 속에서 수액을 흡즙하여 솔잎을 일찍 고사하게 하거나 임목의 생장을 저해한다. 피해 받은 솔잎은 잎의 표피조직과 후막조직이 유합되면서 벌레 혹이 부풀기 시작하고 동시에 잎 생장도 정지되어 건전한 솔잎 길이 보다 1/2이하로 짧아진다. 9월이 되면 피해 잎은 대부분 벌레 혹으로 인하여 내부 조직이 파괴되고 갈색으로 변하여 11월이면 벌레 혹 속의 유충이 탈출하여 땅으로 떨어지고 내부는 공동화된다. 벌레혹은 수관의 상부에 많이 형성되며 심하면 새가지가 거의 고사한다. 솔잎혹파리가 새로운 지역에 처음 침입하면 처음에는 단목적으로 피해를 받다가 점차 군상으로 확대되어 피해가 증가되며 5~7년차에 피해극심기에 도달되어 임목의 30% 정도가 고사하기도 한다. 특히 임목의 고사는 지피식생이 많은 임지, 북향 임지, 산록부 임지 그리고 수관폭이 좁은 단목에서 고사율이 높게 나타난다. 그리고 피해회복지에서 솔잎혹파리의 재발생이 10~12년 주기를 나타내는 경향이 있다.

2) 형태

 성충의 몸길이는 암컷이 2.0~2.5mm,, 수컷이 1.5~1.9mm 이고, 날개길이는 암컷이 대략 2.3mm, 수컷이 2.0mm 이며 체색은 황갈색이다. 알은 긴 타원형으로 노란색을 띠며 장경이 0.5mm, 단경은 0.1 mm정도이다. 다 자란 유충의 몸길이는 1.8~2.8mm로 다리가 없으며 어릴 때는 황백색을 띠다가 자라면서 황색으로 변한다. 유충이 들어 있는 벌레 혹의 크기는 길이가 6~8mm, 폭이 2mm내외 이다. 그리고 유충의 가슴 1절에 Y자 모양의 흉골이 있다. 번데기는 피용의 형태를 가지며 크기가 2.3~2.5mm이며 체색은 암황색이다.

3) 생태

 연 1회 발생하며 유충으로 지피물 밑 또는 흙속의 1~2cm의 깊이에서 월동하며 5월 상순~6월 중순에 고치를 짓고 그 속에서 번데기가 되며, 번데기 기간은 20~30일 정도이다. 성충우화기는 5월 중순~7월 중순이며 최성기는 6월 상순~중순이다. 특히 비 온 다음날에 우화수가 많고, 우화최성기는 지역에 따라 임지 방위, 표고에 따라 차이가 있다. 1일중 우화시각은 11시~18시까지 이나 오후 3시경에 우화수가 많다. 우화 직후 성충은 임내의 하층목 또는 풀잎사이에서 교미한 후 새로 자라고 있는 새순에 평균 6개의 알을 낳는다. 암컷의 포란수는 대략 110개 정도이며 실 산란수는 약 90개

정도이다. 성충의 생존기간은 수컷의 경우 교미 후 죽어 5~6시간이며, 암컷의 경우는 산란이 끝나면 죽는데 1~2일 정도이다. 알은 5~6일 후 부화하며 부화 후 기부로 내려가서 잎 사이에서 수액을 흡즙하면서 벌레혹을 형성한다. 벌레혹 당 유충 수는 1~18마리로 다양하나 평균 5~6마리가 기생하고 있다. 유충은 2회 탈피하는데 6월부터 8월 하순~9월 상순이 1령충, 9월 하순 까지 2령충, 그 후는 3령충으로서 급속히 성장한다. 다 자란 유충은 9월 하순부터 이듬해 1월 사이에 월동을 위하여 벌레 혹에서 탈출하는데 서울 지방의 경우 11월 중순이 최성기이다. 그리고 남쪽 지방에서는 소나무 기부 내에서 탈출하지 않고 그대로 월동하는 개체도 있다. 유충은 주로 비 오는 날에 많이 낙하하며 땅속에로 들어가며, 남부 보다는 북부지방에서 해송 보다는 소나무에서 낙하시기가 빨라지는 경향을 보인다.

4) 방제

충체가 외부로 노출되어 있는 시간이 극히 제한되어 있어 약제를 살포하여 구제하기는 매우 어렵다. 따라서 성충의 산란최성기 및 부화최성기인 6월중에 침투성 약제인 이미다클로프리드 분산성액제(20%) 또는 포스팜 액제(50%)를 흉고직경 1㎝당 0.3~1.0㎖를 줄기에 구멍을 뚫고 나무주사 한다(표1 참조). 근부처리 방법으로는 단목을 대상으로 5월 하순경에 이미다클로프리드 2% 입제를 흉고직경 1cm당 20g을 처리한다. 임업적방제법으로 솔잎혹파리의 서식에 불리한 조건을 만들어 주는 방법으로 간벌, 불량치수 및 피압목 제거를 통해 임내를 건조하게 해주는 방법도 있다. 방제성과 제고를 위해 6월~11월 사이에 임분밀도 조절이 필요한 임지를 대상으로 위생간벌을 실시한다. 이때 직경급별 잔존본수는 표2와 같이 한다. 생물적 방제법으로는 기생봉인 솔잎혹파리먹좀벌, 혹파리살이먹좀벌, 혹파리등뿔먹좀벌, 혹파리반뿔먹좀벌을 기생봉이 분포하지 않는 곳에 ha당 20,000마리를 솔잎혹파리 우화최성기인 5월 하순~6월 하순에 이식한다. 그리고 포식성 곤충류 11종, 포식성거미류로 늑대거미를 포함한 25종, 조류인 박새, 쇠박새, 곤줄박이 등 14종과 병원미생물인 백강균 등 10여종을 보호하거나 처리한다.

〈표 1〉 솔잎혹파리 나무주사 약제주입 기준표

흉고직경	천공수(개)	천공1개당 주입기준량	1본당 주입량	흉고직경	천공수(개)	천공1개당 주입기준량	1본당 주입량
12이하	2	4	8	42~44	17	4	68
14~16	4	4	16	46~48	19	4	76
18~20	6	4	24	50~52	21	4	84
22~24	8	4	32	54~56	23	4	92
26~28	10	4	40	58~60	25	4	100
30~32	11	4	44	62~64	27	4	108
34~36	13	4	52	66~68	29	4	116
38~40	15	4	60	70~72	31	4	124

〈표 2〉 평균가슴높이(胸高直徑) 직경급별 간벌 후 잔존본수 기준표

구분	가슴높이 직경급 (cm)									
	8	10	12	14	16	18	20	22	24	26
강원도지방 소나무	2,300	1,800	1,500	1,300	1,100	950	840	740	670	610
중부지방 소나무	1,300	1,110	960	860	780	710	650	610	―	―
해송	1,700	1,400	1,200	1,060	950	850	750	660	620	―

2. 솔껍질깍지벌레
   (*Matsucoccus thunbergianae* Miller et Park)
   · 매미목 이세리아깍지벌레과

솔껍질깍지벌레 피해임지 원경

솔껍질깍지벌레 피해임지 근경

솔껍질깍지벌레 암컷 성충

성장중인 솔껍질깍지벌레 약충들

1) 발생상황

해송과 소나무의 가지에 기생하여 흡즙한다. 피해를 받은 인피부(靭皮部)는 솔껍질깍지벌레가 분비한 독소에 의해 약 1년 후에 갈색 반점이 형성되며 기생밀도가 높은 부위에는 반점이 연결되어 임목이 고사하게 된다. 주로 4~5년생 가지에 주로 산란하여 피해를 주고 나무의 하부로부터 피해가 먼저 나타나므로 발생초기에는 피해 증상을 보기가 어렵다. 하지만 침입하여 3~4년 후에 피해 극심기에 도달하여 방제를 하지 않으면 고사하기도 한다.

2) 형태

암컷 성충의 체장은 2.0~3.0㎜이고, 장타원형이며 황갈색을 띤다. 촉각은 체색과 같고, 육질이며 9절로 되어 있다. 다리는 발달되어 있으나 구기는 퇴화되어 없다. 수컷 성충은 작은 파리 모양과 비슷하며 날개는 1쌍이며 흰꼬리를 가지고 있다. 부화약충(孵化若蟲)은 타원형이며 황갈색을 띠며, 촉각은 6절로 되어 있다. 후약충(後若蟲)은 구형으로 체피는 경화되어 있으며 다갈색이고 다리 및 촉각은 완전히 퇴화되었다. 구기는 침처럼 뾰족하고 실처럼 긴 형태를 지니고 있다. 약충의 경우 체장 보다 약 3배 정도의 길이를 가지고 있는데, 체장은 정착약충(定着若蟲)이 약 0.2㎜내외 후약충이 0.8㎜내외이며 구침의 길이는 정착약충이 약 0.6㎜, 후약충이 약 2.3㎜이다. 그리고 이들은 성충으로 우화시 퇴화되어 없어진다.

3) 생태

연 1회 발생하며 후약충태로 월동하면서 기주의 영양분을 흡즙하는 특이한 생활환을 가지고 있다. 4월 상순~5월 중순에 암·수 성충이 출현하여 교미 후에 줄기의 껍질 틈이나 가지사이에 작은 흰 솜덩이의 알주머니를 만들고 그 속에 약 280개의 알을 낳는다. 그리고 피해확산은 주로 5월에 알주머니나 부화약충이 바람에 의해 날려 확산된다. 5월 상순~6월 중순에 알에서 부화한 부화약충은 정착하기 적당한 장소를 선택한 후 몸에 왁스를 분비하여 구침을 나무 조직에 꽂고는 수액을 흡즙하면서 정착한다. 이들은 정착약충 태로 여름 휴면(夏眠)을 하고 10월 하순 이후 휴면에서 깨어나 발육이 왕성해지는 후약충 시기에 접어들면서 나무에서 치명적인 피해를 주는 시기이다. 후약충에서 수컷은 전성충 시기를 거쳐 번데기가 되고 암컷은 바로 성충으로 탈피하는데 이듬해 3월경에 수컷의 전성충이 출현하는데 모양은 암컷성충과 비슷하나 크기가 작다. 나무 위를 기어 다니면서 수피 틈이나 가지 사이에 틈새에서 번데기가 된다. 번데기는 수컷만 되는데 작은 흰 솜덩어리 같은 타원형의 고치를 짓고 그 속에서 번데기가 된다. 번데기 기간은 약 7~20일이며 3월 하순이 용화 최성기이다.

4) 방제

 다양한 방제방법이 개발되어 있다. 수간살포는 약충 발생시기인 5월 상순~6월 상순에 메치온 유제(40%) 1,000배액을 또는 이미다클로프리드 액상수화제(8%) 2,000배를 살포하거나 후약충기인 12월에 피해목의 지상 50cm 수간부위에 직경 1cm, 길이 7cm의 구멍을 뚫고 침투성 살충제인 포스팜 액제(50%)나 이미다클로프리드 분산성액제(20%)를 흉고직경 cm당 0.6~1.0cc 나무주사 한다(표3 참조). 주변 임지에 피해 확산과 솔껍질깍지벌레 서식환경을 나쁘게하여 피해를 억제하는 위생간벌을 하기인 7~9월에 실시한다.

<표 3> 솔껍질깍지벌레 나무주사 약제주입 기준표

흉고직경	천공수(개)	천공1개당 주입기준량	1본당 주입량	흉고직경	천공수(개)	천공1개당 주입기준량	1본당 주입량
12이하	2	4	8	42~44	17	4	68
14~16	4	4	16	46~48	19	4	76
18~20	6	4	24	50~52	21	4	84
22~24	8	4	32	54~56	23	4	92
26~28	10	4	40	58~60	25	4	100
30~32	11	4	44	62~64	27	4	108
34~36	13	4	52	66~68	29	4	116
38~40	15	4	60	70~72	31	4	124

* 흉고직경 30cm이상의 대경목은 주입병 사용이 바람직 함.

3. 솔나방
(*Dendrolimus spectabilis* Butler)
· 나비목 솔나방과

솔잎을 먹고있는 솔나방 유충

가지와 솔잎사이에서 고치를 만든 솔나방 번데기

산란중인 솔나방 암컷 성충

1) 피해증상

 유충을 보통 송충이라 하여 예로부터 소나무의 대표적인 해충으로 알려져 있으나 1970년 후반 이후 급격히 개체수가 감소한 해충으로 지금은 제주도 및 남·서해안 도서지방에서 국부적으로 소규모 발생하는 해충이 되었다. 유충 한 마리가 1세대 동안 섭식하는 솔잎의 길이는 수컷이 50m, 암컷이 78m로서 평균 64m이며 이중 95%이상이 월동 후인 이듬해 유충기에 식해 한다. 보통 지난해 잎을 먹거나 밀도가 높으면 새잎도 식해 한다.

2) 형태

 성충의 체장은 암컷이 약 40mm, 수컷이 약 30mm정도이고, 날개를 편 길이는 암컷이 65~90mm, 수컷이 50~70mm로 비교적 대형이다. 체색은 회백색, 황갈색, 흑갈색 등 변이가 많고 앞날개의 중앙부에는 짙은색의 넓은 띠가 있으며 그 외연에 백색의 파도 모양의 선(波狀線)이 있다. 알은 원형으로 2mm정도이고 색은 옅은 녹색을 띠는 것과 담적황색(淡赤黃色)을 띠는 것이 있다. 어린 유충은 담회황색(淡灰黃色)이고 마디의 등면에 등홍색(橙紅色) 또는 회백색(灰白色)의 불규칙한 반문(班紋)이 있고, 회백색 또는 등황갈색이며 등면에는 넓은 암록색(暗綠色)의 종대(縱帶)가 있고 양쪽에는 회백색의 띠가 있어 전체적은 짙은 호피(虎皮)의 모양을 연상하게 한다. 2~3절의 등에는 흑담색의 센털이 무더기로 나 있고 다른 부분에도 검은 털이 많이 나 있다. 번데기는 방추형(方錐形)이고 갈색이며 고치는 긴 타원형이고, 황갈색이며 표면에 유충의 센털이 군데군데 박혀 있다.

3) 생태

 연 1회 발생하고 제 5령으로 월동한다. 수피틈이나 지피물 밑에서 월동한 유충은 봄에 17℃ 이상 되는 날이 계속되는 4월에 월동처에서 나와 솔잎을 먹고 자라면서 3회의 탈피를 거쳐 8령으로 된 후인 7월 초·중순에 솔잎 사이에 실을 토하고 고치를 만든 후 번데기가 된다. 20일 내외의 번데기 기간을 거친 후 7월 하순~8월 중순에 성충으로 우화한다. 우화시각은 보통 오후 6~7시가 최성기이고 성충의 수명은 대략 9일 정도이며 밤에만 활동하는 야행성이다. 우화 2일 후부터 산란하는데 산란수는 약 500개 정도이고, 솔잎에 몇 개의 무더기로 나누어 낳는다. 산란기간은 5~7일 이고 대개 오전 중에 부화하며 어린 유충은 처음에 모여서 생활하다가 자라면서 실을 토하면서 흩어진다. 유충이 번데기가 되기 위해서는 7회 탈피하는데 4회 탈피한 5령으로 11월 경에 월동처로 들어간다. 총 유충기간은 약 320일 정도이며 주로 야간에 섭식활동을 많이 한다.

4) 방제

일반적으로 살충제에 비교적 약하며 유충의 가해시기인 4월 중순~6월 중순이나 어린 유충기인 9월 상순~10월 하순에 주론 수화제(25%) 또는 트리므론 수화제(25%)를 6,000배로 희석하여 살포하거나 병원미생물인 Bt균을 살포한다. 물리적방제법으로 봄철에 솔잎을 가해하는 유충이나 7월 초·중순에 솔잎에 붙어 있는 번데기를 집게나 나무젓가락을 이용하여 잡아 죽이거나, 솜불방망이를 이용하여 태워 죽인다. 7월 하순~8월 상순인 성충활동기에 유아등이나 유살등 을 이용하여 죽인다.

4. 소나무순나방
   (*Rhyacionia duplana* Hubner)
   · 나비목 잎말이나방과

신초를 가해하고있는 소나무순나방 유충

소나무순나방의 피해를 받는 신초

1) 피해증상

 유충이 소나무류의 새가지 속에서 가해함으로 신초를 고사하게 한다. 소나무 신초를 가해하는 종중에 비교적 피해가 많은 편이다. 새가지만 식해하는 특성이 있어 피해를 받은 나무는 곧게 자라지 못한다. 특히 조경수와 정원수 등에서 미관상 보기가 흉하다. 피해가 비교적 눈에 잘 띠는 벌레이나 소나무를 고사시키거나 큰 피해를 주는 해충은 아니다.

2) 형태

 성충의 날개를 편 길이는 7mm 내외이며 다갈색이고 외연부(外緣部)는 적등색이다. 뒷날개는 앞날개에 비하여 폭이 넓고 암갈색이다. 유충의 체장은 약 12mm 내외이고 유충의 머리와 앞가슴 등판은 엷은 다갈색을 띠고, 몸은 등황색이다.

3) 생태

 연 1회 발생하며 주로 새가지 속에서 번데기로 월동한다. 성충 발생은 이른봄인 3월 하순~4월 중순에 나타나 정아, 침엽, 엽초 등에 한개 씩 산란한다. 알은 20여일 후에 부화하여 눈 또는 새가지 속을 파고 들어가 가해하여 한 새가지에 1~2 미리기 가해한다. 6월까지는 새가지 선단부 속에서 식해 할 때 소나무로부터 분비되는 송진으로 단단한 고치를 만들고 유충태로 여름휴면(夏眠)을 하며 9~10월에 번데기가 되고 어떤개체는 6월에 번데기가 된 채로 여름휴면에 들어가기도 한다. 피해를 받은 새가지는 갈색으로 변하여 고사하며 구과를 가해하는 경우는 많지 않다.

4) 방제

 물리적인 방법으로 피해부위를 유충과 함께 채취하여 소각하는 것이 가장 효과적인 방제법이다. 이른 봄 성충발생기에 메프 유제(50%) 1,000배액을 수관에 살포한다.

5. 큰솔알락명나방
(*Dioryctria sylvestrella* Ratzeburg)
· 나비목 명나방과

큰솔알락명나방의 피해를 받은 소나무 신초

신초내를 가해하고있는 유충

소나무 신초내에서 용화된 번데기

1) 피해증상

유충이 소나무류의 새가지, 구과(毬果) 및 줄기를 가해한다. 특히 생장이 양호한 중령목 이하의 정아를 주로 가해함으로 해서 신초를 고사하게 한다. 피해를 받은 나무는 곧게 자라지 못한다. 특히 조경수와 정원수 등에서 미관상 보기가 흉하다. 피해가 비교적 눈에 잘 띠는 벌레이나 소나무순나방과 곧잘 혼동되기도 한다. 소나무를 고사시키거나 큰 피해를 주는 해충은 아니다.

2) 형태

 성충의 앞날개를 편 길이는 9~12mm 내외이며 다갈색이고 선명하지 않는 무늬가 있다. 유충의 체장은 25mm 내외이고 영기별 탈피한 유충들은 탈피한 직후에는 엷은 녹색을 띠나 시간이 경과 할수록 엷은 다갈색으로 변한다. 노숙유충의 경우 체색의 변이가 많은 편이다. 번데기는 용화 직후 머리 부분이 짙은 녹색을 띠지만 시간이 지날 수록 갈색으로 변한다.

3) 생태

 연 1회 발생하며 가해 부위내에서 유충으로 월동하여 5~6월에 번데기가 된다. 성충은 6~7월에 우화하여 새가지나 구과에 1개씩 산란하며 산란수는 20~30개이다. 알기간은 5~10일이며 부화유충은 표피를 뚫고 들어가 표피밑을 식해하다가 성장하면 중심부로 들어간다. 남부지방에서는 연 2회 발생하기도 한다.

4) 방제

 물리적인 방법으로 피해부위 속에있는 유충이나 번데기를 함께 채취하여 소각하는 것이 가장 효과적인 방제법이다. 성충산란기 및 부화유충기인 6월에 메프 유제(50%) 또는 에토펜프록스 수화제(10%) 또는 유제(20%) 1,000배액을 10일 간격으로 2회 수관에 살포한다.

6. 솔박각시
   (*Hyloicus morio* Rothschild et Jordan)
   · 나비목 박각시과

솔잎을 갉아먹고있는 솔박각시 유충

1) 피해증상

유충이 솔잎을 식해한다. 유충이 군서하여 식해하지 않기 때문에 눈에 잘 띠지 않으나 자세히 관찰하면 쉽게 볼 수 있는 벌레이다. 그러나 소나무를 고사시키거나 큰 피해를 주는 해충은 아니다.

2) 형태

 성충의 날개를 편 길이는 60~80mm이고 앞날개는 암회색(暗灰色)이며 짙은 갈색의 짧은 줄이 여러 개 있다. 뒷날개는 짙은 갈색이고 배의 등면에 다갈색(茶褐色)의 종문(縱紋)이 있다. 유충의 체장은 약 65mm이고 몸은 전체적으로 녹색을 띠우며 등과 옆면에는 백색과 갈색의 뚜렷한 줄이 있다. 머리는 흑갈색(黑褐色)으로 2개의 검은 줄이 있고 기문하선(氣門下線)의 융기대(隆起帶)는 황녹색(黃綠色)으로 가는 검은 선으로 쌓여있다. 미각(尾角)은 전체가 흑색으로 길이가 약 7mm이다. 번데기의 체장은 35~40mm이고 갈색이다.

3) 생태

 연 2회 발생하며 번데기로 월동한다. 성충 발생은 1화기는 5~6월에, 2화기는 7~8월에 나타난다. 알은 솔잎에 1개산란하고 부화 후의 유충은 솔잎의 한쪽만 섭식하지만 성장하면서 솔잎의 끝부터 기부까지 식해한다. 유충의 가해시기는 6~7월과 8~9월이며, 다자란 유충은 낙엽 밑으로 들어가 번데기가 된다.

4) 방제

 밀도가 낮을 때는 특별히 약제 살포를 하지 않아도 큰 피해가 없다. 눈에 보이는 데로 손이나 나무젓가락으로 잡아서 죽이면 된다. 밀도가 높을 때는 접촉성 살충제를 살포하여 구제한다.

7. 솔잎벌
(*Nesodiprion japonica* Martatt)
· 벌목 솔잎벌과

솔잎을 가해하고있는 솔잎벌 유충

1) 피해증상

어린 소나무림에서 많이 발생하며, 특히 단목으로 서 있는 조경수나 정원수 등의 반송에 피해가 심하다. 잎을 식해 하는 밀도가 높으면 소나무가 고사하기도 한다.

2) 형태

 성충의 몸길이는 7~8mm이고, 암컷의 몸색은 검은색으로 가운데 가슴 작은 방패 판은 황백색이다. 더듬이는 검고 21마디로 제 3마디 이하의 각 마디에는 2개의 긴돌기가 있으며, 깃털 모양을 하고 있다. 날개는 투명하며 다리는 검은색이고, 두흉부(頭胸部)는 점각(點刻)이 있다. 수컷의 가운데 가슴 소순판(小楯板)은 황백색으로 더듬이의 우상돌기는 길다. 광택이 있는 녹색으로 양끝은 다소 황색을 띤다. 유충은 전체적으로 옅은 녹색을 띠며 머리와 꼬리 부분은 갈황색을 띠며 머리 부분에는 검은 반점이 있다. 홑눈과 안판을 제외하고는 작은털이 밀생하고 있다.

3) 생태

 연 2회 발생하고, 1화기 성충은 4월 하순~5월, 2화기 성충은 9~10월에 출현하며, 유충은 5~8월, 9~11월에 나타난다. 알기간은 8~10일, 유충기간은 23~30일, 번데기기간은 14일 정도이다. 성충은 침입의 중간 부근에 한 잎 당 한 개의 알을 낳으며 산란수는 약 70개이다. 유충은 한 침엽에 1마리씩 서식하며 3~4회 탈피를 거쳐 노숙유충이 된다. 1세대의 유충은 주로 묵은 잎을, 2세대 이후는 새잎을 먹고 자라며 1세대는 잎 사이에, 그리고 2세대는 지피물에서 번데기가 되어 월동한다.

4) 방제

부화유충 발생초기에 메프 유제(50%), 트리무론 수화제(25%) 및 주론 수화제(25%)를 살포한다. 그리고 천적인 기생벌과 포식성 천적 및 병원 미생물 등을 보호한다.

8. 누런솔잎벌
   (*Nesodiprion sertifera* Geoffroy)
   · 벌목 솔잎벌과

누런솔잎벌이 군서하여 가해하는 모습

솔잎을 가해하고 있는 유충

1) 피해증상

 유충이 모여서 솔잎을 식해하며 어린 소나무림과 간벌이 된 임분에서 많이 발생하며 울폐된 임분에서는 발생이 거의 없다. 묵은 잎을 가해하므로 나무가 고사하는 경우는 거의 없다. 피해가 심하다. 잎을 식해 하는 밀도가 높으면 소나무가 고사하기도 한다.

2) 형태

 암컷 성충의 체색은 전체가 황갈색이고 더듬이는 21~24절이며 표면에 소강모(小綱毛)가 있다. 날개는 담황색으로 투명하며, 수컷 성충의 몸은 검은색, 다리는 어두운 황갈색을 띤다. 알은 방추형이고 황백색이며 크기는 장경 1.8mm, 단경이 0.5mm정도이다. 어린 유충기에는 엷은 녹황색이고, 머리와 다리의 바깥쪽은 담황색이지만, 성숙하면서 머리와 다리의 바깥쪽은 광택있는 검은색으로 등쪽은 광택이 없는 검은색으로 변한다. 노숙유충의 몸길이는 20mm이며 머리는 자갈색, 홑눈은 검은색, 몸은 회자색을 띤다.

3) 생태

 연 1회 발생하며 알로 월동한다. 알은 4월 중순~월 상순에 부화하여 2년생 잎을 가해한다. 유충기간은 평균 30일 정도이며 수컷은 4회, 암컷은 5회 탈피하여 노숙유충이 된다. 노숙유충은 5월 하순부터 땅으로 내려와 낙엽, 지피물밑 또는 2~3cm 깊이의 흙속에서 고치를 짓고, 그 속에서 유충으로 약 150일을 경과한다. 고치속의 유충은 9월 하순부터 번데기가 되며 번데기 기간은 16일 내외이다. 우화 후 성충은 고치속에서 약 1주일 간 머물다가 10월 중순에서 11월 상순에 출현하여 솔잎 조직내에 산란관을 꽂고 1개씩 일정 간격으로 알을 낳는다. 성충 수명은 4~5일 정도이고, 포란수(抱卵數)는 약 65개 내외이며 솔잎 하나에 평균 8개 정도의 알을 낳는다.

4) 방제

부화유충 발생초기에 메프 유제(50%), 트리무론 수화제(25%) 및 주론 수화제(25%)를 살포한다. 피해 받은 나무를 흔들면 유충이 떨어지므로 포살하는 것도 좋은 방제법이며, 유충을 잡아먹는 밀화부리, 찌르레기 등의 천적 조류를 보호한다.

9. 솔수염하늘소
(*Monochamus alternatus* Hope)
· 딱정벌레목 하늘소과

솔수염하늘소 유충

유충의 배설물

짝을 찾고있는 솔수염하늘소 성충

1) 피해증상

 일반 소나무 임지에서는 고사목이나 쇠약목에 침입하여 산란하는 2차 천공성 해충이므로 소나무에 직접 피해를 주는 경우는 거의 없다. 하지만 소나무재선충병이 발생한 지역에서는 소나무재선충(*Bursaphelenchus xylophilus*)를 매개함으로 해서 소나무재선충병을 전파시키는 매개충으로 현재 우리나라 뿐만 아니라 중국, 일본에서 소나무림에 소나무재선충병을 야기시키는 주요한 매개 해충이다. 매개충에 의해 피해는 우화한 성충이 성적 성숙을 위해서나 또는 영양분을 공급받기 위해 후식을 하는데 신초 및 1~2년생 가지를 갉아 먹는다. 이때 매개충의 몸에 붙어 있던 소나무재선충이 상처를 통해 나무 조직 속으로 침입한다. 그리고 고사목이나 쇠약한 나무의 수피 밑에서 유충이 형성층(形成層)과 목질부를 식해 한다.

2) 형태

 성충의 몸길이는 개체에 따라 차이가 많으며 일반적으로 20~30mm이고, 날개에는 백색, 황갈색, 암갈색의 작은 점들이 불규칙하게 산재되어 있다. 촉각은 비교적 길어 수컷은 체장의 2~2.5배 정도이며, 암컷의 촉각 길이는 체장의 1~1.5배 가량 된다. 알은 타원형이며 장경이 약 3.5㎜이고, 유백색을 띤다. 노숙유충의 체장은 약 40㎜이며 체색은 유백색이다.

3) 생태

 연 1회 발생하고, 노숙유충태로 월동한다. 그러나 추운 지방이나 늦게 산란되어 다자라지 못한 유충은 2년 1세대 발생하기도 한다. 목질부 속에서 월동한 유충은 4월 경에 수피와 가까운 곳에 용실(蛹室)을 만들고 번데기가 된다. 성충은 5월 중순~7월 중순 까지 약 2개월이며 6월 중순이 우화최성기이다. 탈출시각은 24시간 내내 이루어지나 오전 10~12시 사이에 가장 많고, 맑고 화창한 날에 많이 나온다. 소나무재선충병 피해지역에서 우화하는 성충은 70% 정도가 몸에 소나무재선충을 지니고 탈출하며, 1마리당 평균 15,000마리의 소나무재선충을 지니고 있다. 성충은 야행성으로 주로 야간에 활동하고 교미는 산란 대상목에서 이루어지며, 산란은 6월~9월 초순까지 이루어지나 대부분 6월~8월 사이에 이루어진다. 암컷은 송진이 나오지 않은 대상목에 수피에 2㎜내외의 산란흔을 만들고 산란관을 그곳에 꽂아 수피 밑에 1개씩 산란한다. 산란수는 보통 100여개이고 1일 1~8개씩 약 15~30일 동안 산란한다. 알기간은 약 7일 정도이며 부화한 유충은 형성층 부위를 먹으며 성장한다. 유충은 1~3㎝ 크기의 터널을 만들어 가해하기 시작하는데 이때 톱밥 같은 가늘고 긴 나무찌꺼기에 백색 섬유가 섞여 있는 배설물을 만들어

낸다. 유충기간은 약 30~45일 정도이며, 다 자란 유충은 월동 후 5월~7월 사이에 성충이 되어 탈출하기 용이하도록 수피 밑 4~6㎜ 부위의 터널 끝부분에 번데기 방을 만들고 번데기가 된다. 번데기 기간은 약 20일 정도이며 그 속에서 우화한 성충은 1주일 정도 방에서 머물다가 5~7㎜ 원형의 탈출구멍을 만들고 밖으로 탈출한다.

4) 방제

가. 벌채 · 훈증

소나무재선충병에 의해 고사한 나무를 베어서 1~2㎥ 크기로 쌓아놓고 1㎜ 두께 비닐 및 테프론 소재 피복제를 씌운 후 목질내에 있는 솔수염하늘소 유충이 성충으로 탈출하기 전에 훈증한다. 이때 훈증약제로는 메탐소디움 또는, 메탐포타슘 원액을 피해목 1㎥당 1ℓ씩 뿌리고 약제 투입 후에는 신속히 밀봉한다.

나. 벌채 · 소각

소나무재선충병에 감염된 나무를 베어서 넓은 공터에 쌓은 다음 태우거나 이동식 간이 소각로를 이용하여 태우는 방법이다. 산불 시기와 겹치기 때문에 극히 제한 적이며 임지에서 태울 경우 열해목(熱害木)의 발생이 많은 단점을 갖고 있다.

다. 벌채 · 파쇄

소나무재선충병에 감염된 나무를 베어서 톱밥 또는 칩 제조기를 이용하여 1.5㎝ 이하의 크기로 분쇄하여 목질내의 매개충 유충을 죽이는 방법이다. 이 방법은 환경 오염방지와 피해목의 재활용이라는 장점을 가지고 있으나 감염목을 분쇄하기 위해 운반 하는 도중에 매개충이 들어 있는 나무를 빠뜨리기 쉽고 인력 및 방제 비용이 많이 든다.

라. 항공살포

솔수염하늘소 성충을 죽여 피해확산을 저지하는 방법으로 성충 발생 시기인 5월~7월 사이에 메프 유제(50%) 또는 치아클로프리드 액상수화제(10%)를 ha당 물 33ℓ에 약제 1ℓ로 희석하여 3회 이상 중복하여 살포한다.

마. 위생간벌

피해 확산 우려 지역에 고사목, 피압목 등 매개충의 서식지를 제거하여 미리 매개충의 밀도를 낮추고, 임목 밀도가 높은 임분에 적절한 간벌을 실시함으로서 수세 쇠약목이 발생하지 않도록 하며 소나무재선충병이 감염되었을 때 초기 방제가 용이하도록 하는데 목적이 있는 방제법이다.

10. 북방수염하늘소
   (*Monochamus saltuarius* Gebler)
   · 딱정벌레목 하늘소과

목질부내에서 가해중인 북방수염하늘소 유충

북방수염하늘소 성충

1) 피해증상

 일반 소나무류 임지에서는 고사목이나 쇠약목에 침입하여 산란하는 2차 천공성 해충이므로 소나무에 직접 피해를 주는 경우는 거의 없다. 하지만 소나무재선충병이 발생한 지역에서는 소나무재선충(*Bursaphelen-chus xylophilus*)를 매개 가능성이 높은 해충으로 이웃 일본에서는 솔수염하늘소 다음으로 중요한 매개충으로 취급하고 있다. 가해 습성 및 피해특성은 솔수염하늘소와 비슷하나 주로 잣나무림에서 많이 발견된다.

2) 형태

 성충의 몸길이는 솔수염하늘소 보다 약간 작은 20mm 전후이고, 날개에는 황갈색, 암갈색의 작은 점들이 날개 중앙에 넓은 띠 모양으로 분포하며 날개 가장 자리로 사각형 형태로 돌기 형태의 검은 무늬가 4개가 있는 것처럼 보인다. 촉각은 비교적 길어 수컷은 체장의 2~2.5배 정도로 약 40㎜내외이며, 암컷의 촉각 길이는 체장의 1~1.5배 가량으로 약 25㎜ 내외이다. 그리고 촉각은 검은색과 회백색의 띠가 교차로 전체에 7~9개씩 있다. 그리고 다리의 체색이 몸체와는 달리 회백색의 색을 띤다. 알은 타원형이며 장경이 약 3.0㎜ 내외이고, 유백색을 띤다. 노숙유충의 체장은 약 35~40㎜이며 체색은 유백색이다.

3) 생태

 연 1회 발생하고, 노숙 유충태로 월동한다. 그러나 추운 지방이나 늦게 산란되어 다자라지 못한 유충은 2년 1세대 발생하기도 한다. 목질부 속에서 월동한 유충은 4월 경에 수피와 가까운 곳에 용실(蛹室)을 만들고 번데기가 된다. 성충은 5월에 우화하며 우화최성기는 5월 중순으로 전체 발생 시기가 솔수염하늘소에 비해 매우 짧다. 탈출시각은 주로 낮 시간에 이루어지며 최성기는 11~13시 사이에 가장 많이 출현한다. 우리나라에서 분포는 주로 중부 이북지방에서 서식하며 소나무류 중에서 잣나무를 가장 선호한다. 기타 산란, 습성 등은 잘 알려져 있지 않으나 유충의 성장 및 가해양상은 솔수염하늘소와 비슷하다.

4) 방제

 솔수염하늘소와 같은 요령으로 실시하면 된다. 하지만 아직까지 우리나라에서는 복방수염하늘소가 소나무재선충을 매개하지는 않으므로 소나무 및 잣나무 고사목을 소각하거나 이목을 이용하여 우화탈출하기 전에 소각, 훈증, 약제살포 등을 통하여 처리한다.

11. 소나무거품벌레
   (*Aphrophora flavipes* Uhler)
   · 매미목 거품벌레아과

거품속에서 흡즙하고있는 약충

새로운 기주를 찾아온 성충

1) 피해증상

항시 몸에 거품을 분비하여 자신을 보호하는 특징을 가지고 있으며 5~6월 경에 신초에 기생하여 체액을 흡즙한다. 많이 발생할 때는 신초 1개당 5~6마리의 거품벌레가 달려 붙어 있지만 흡즙에 의한 성장저해나 실질적인 피해는 거의 없다.

2) 형태

성충의 체장은 약 8~10㎜로 약간 편평하며 체색이 전체적으로 암갈색이지만 등쪽은 갈색으로 불규칙한 암갈색 반문이 있다. 노숙약충의 체장은 4~5㎜, 머리와 가슴은 갈색내지는 암갈색이고 배쪽은 등황색이다. 그리고 성충은 벼룩처럼 자신의 몸길이의 약 40배 이상을 도약할 수 있는 점프 기능을 가지고 있어 잘 도망가며 다른 기주로 이동도 매우 용이하다.

3) 생태

연 1회 발생하며 나무의 조직 내에서 알로 월동한다. 약충은 5월 상순부터 나타나기 시작하여 7월 중순까지 거품을 분비한다. 성충은 7~8월경에 출현하며 약충과 같이 수액을 흡즙하지만 거품은 분비하지 않는다. 거품은 약충이 체내에서 직접 분비하는 것이 아니고 약충이 수액을 흡즙하기 시작하면서 체표면에 수분이 괴여 아래쪽으로 떨어지며 이 액체가 약충의 움직임에 따라 거품이 되어 몸 전체를 둘러싸게 된다.

4) 방제

 신초에서 거품이 발생하면 약충을 포살한다. 하지만 밀도가 적을 때는 그냥 두어도 큰 피해는 없지만 밀도가 높을 때는 메프 유제(50%) 및 이미다크로프리드 액제(40%) 1,000배 액으로 희석하여 살포한다.

12. 소나무가루깍지벌레
(*Crisicoccus pini* Kuwana)
· 매미목 가루깍지벌레과

가해중인 소나무가루깍지벌레 약충

그을음병을 동반한 모습

1) 피해증상

소나무류 신초나 2년생 가지의 침엽사이에 기생하며 신초부에 많은 약충과 성충이 군서하면서 흡즙 가해함으로 신초의 생장을 저해하고 위축되며 2차적으로 배설물에 의해서 그을음병을 유발한다.

2) 형태

암컷 성충의 체장은 3.0~4.0㎜ 정도이며 타원형이며 적갈색을 띠나 백색의 왁스가 몸을 덮고 있어 전체적으로 하얗게 보인다. 몸의 둘레에는 뾰족하고 가는 센털이 있으며 등면에는 가는 센털과 샘구멍이 있고, 다리와 촉각은 갈색이며 촉각의 길이는 0.4~0.5㎜이다.

3) 생태

연 2회 발생하며 약충태로 월동한다. 제 1세대 성충은 5월 중순~6월 하순, 제 2세대 성충은 8월 중순~9월 하순에 발생하며, 난낭을 형성하지 않고 약 160여개의 알을 낳는다. 알은 단시간에 부화하여 침엽 사이에서 군서한다.

4) 방제

발생초기에 메치온 유제(40%) 1,000배액 또는 이미다크로프리드 액제(8%) 2,000배액을 10일 간격으로 2회 살포하고, 조경수 및 관상수에서 초기에 몇몇 가지에 발생하였을 시는 피해 가지를 제거하는 물리적 방제도 효과적이다.

13. 소나무굴깍지벌레
   (*Lepidosaphes pini* Maskell)
   · 매미목 깍지벌레과

솔잎에 붙어 기생하고있는 소나무굴깍지벌레 1

솔잎에 붙어 기생하고있는 소나무굴깍지벌레 2

1) 피해증상

소나무류 잎에 기생하여 수액을 흡즙하므로 기생된 잎은 황화현상을 나타내며 2차적으로 그을음병을 유발시켜, 수세가 약화된다. 그러나 소나무를 고사시키는 경우는 거의 없다.

2) 형태

암컷 성충의 체장은 2.0~4.0㎜ 정도이며 깍지모양은 가늘고 길어 바다에서 생산되는 조개 일종인 홍합과 형태가 유사하다. 깍지의 체색은 회색을 띤 암갈색이며 몸은 길고 마디가 분명하며 황색을 띤다. 입틀이 발달되어 있고 구침은 매우 길다. 더듬이는 원추형이며 2개의 긴 센털이 잇다. 수컷 성충의 깍지는 암컷과 비슷하나 크기가 조금 작은 1.0㎜내외이다.

3) 생태

연 2회 발생하며 성충태로 월동한다. 제 1세대 약충은 4월 하순~5월 하순, 성충은 7월 하순경에 출현하며 2세대 약충은 8월 중순~9월 중순, 성충은 10월 상순경에 출현한다.

4) 방제

발생초기인 5~6월에 메치온 유제(40%) 1,000배액 또는 이미다크로프리드 액상수화제(8%) 2,000배액을 10일 간격으로 2회 살포한다.

14. 소나무솜벌레
 (*Pineus orientalis* Dreyfus)
 · 매미목 솜벌레과

소나무솜벌레 피해를 받은 소나무 신초들

소나무솜벌레 가해모습

1) 피해증상

 소나무류의 가지나 줄기의 껍질 틈사이에 정착하여 솜같은 하얀 밀랍을 분비하므로 기생된 부위가 하얗게 보인다. 피해를 받으면 새눈의 생장이 저해되어 수세가 쇠약해지고 심하면 나무가 고사한다. 정원수와 분재에 자주 발생한다.

2) 형태

 암컷의 체장은 약 1.5㎜ 내외이고 체색은 암갈색 내지 흑갈색이며 백색 분비물로 덮여 있다. 머리와 앞가슴 등쪽의 표피는 매우 통통하며 가슴의 등판, 측면과 배의 측면에 밀관이 잘 발달되어 있고, 약충은 백색의 밀랍으로 쌓여 있으며 겹눈은 3개이고 더듬이는 컵 모양으로 퇴화되어 있다.

3) 생태

 연 수회 발생하며 기주 식물의 가지나 수피 틈에서 약충태로 월동한다. 5월 상순부터 무시태생이 나타나 수피 표면에 산란하며 부화한 약충은 수피틈에 정착하여 가해하며 5~6월에 밀도가 높고 이 때 피해도 심하다. 그 후 여름형 성충이 나타나고 가을까지 불규칙적으로 발생한다.

4) 방제

 발생초기인 5월에 메치온 유제(40%) 1,000배액 또는 이미다클로프리드 액상수화제(8%) 2,000배액을 10일 간격으로 2회 살포하고, 겨울에 월동중인 약충태를 대상으로 12월에 기계유 유제(95%) 50배액을 10일 2회 정도 살포한다. 섬잣나무는 기계유 유제(95%)에 대한 약해가 있으므로 약액의 농도에 특히 주의해야 한다.

15. 소나무왕진딧물
   (*Cinara pinidensiflorae* Essig et Kuwana)
   · 매미목 진딧물과

소나무왕진딧물 피해초기의 밀도가 낮은 상해

소나무왕진딧물의 밀도가 늘어난 상태

1) 피해증상

5~6월경 소나무류의 가지에 기생하는 진딧물로 초기에서 이동하면서 가해하나 밀도가 늘어나면서 성충과 약충이 함께 모여서 흡즙하므로 새가지의 생장이 저해되고 수세를 약화시킨다. 심하면 피해가지가 고사하는 경우도 있다. 2차적으로 배설물로 인하여 그을음병을 유발시키기도 한다.

2) 형태

유시충의 체장은 약 4.0㎜ 정도이며 체색은 흑색 또는 암갈색이며 센털로 덮여있다. 촉각은 제3~6절의 끝이 검으며 입틀은 매우 길어 배의 중앙에 닿는다. 배는 적갈색이며 검은 무늬가 있다. 무시태생(無翅胎生) 암컷 성충의 체장은 4.0㎜이고 타원형으로 갈색 또는 흑갈색이며 복부에 큰 무늬가 있다.

3) 생태

알로 월동하며 5월경에 부화한 약충은 2년생 가지나 유령목(幼齡木)의 줄기에 무리를 지어 생활하면서 흡즙, 가해한다. 6월경에 밀도가 높아지며 무시태생은 암컷 성충으로 번식을 계속하지만 유시태생(有翅胎生) 암컷 성충도 출현하여 주위의 소나무류에 분산 이동한다. 가을에는 무시양성(無翅兩性) 암컷과 유시(有翅) 수컷이 발생한다.

4) 방제

 발생초기인 5월 중·하순에 메프 유제(40%) 1,000배액 또는 이미다클로프리드 액상수화제(8%) 2,000배액을 10일 간격으로 2회 살포하고, 조경수 및 관상수에서 초기에 몇몇 가지에 발생하였을 시는 피해 가지를 제거하거나, 솜뭉치나 면장갑을 낀 채로 문질러 죽이는 물리적 방제도 효과적이다.

16. 소나무좀
   (*Tomicus piniperda* Linnaeus)
   · 딱정벌레목 나무좀과

소나무좀 성충의 탈출공

소나무좀 유충이 만든 터널

소나무좀 유충의 가해모습

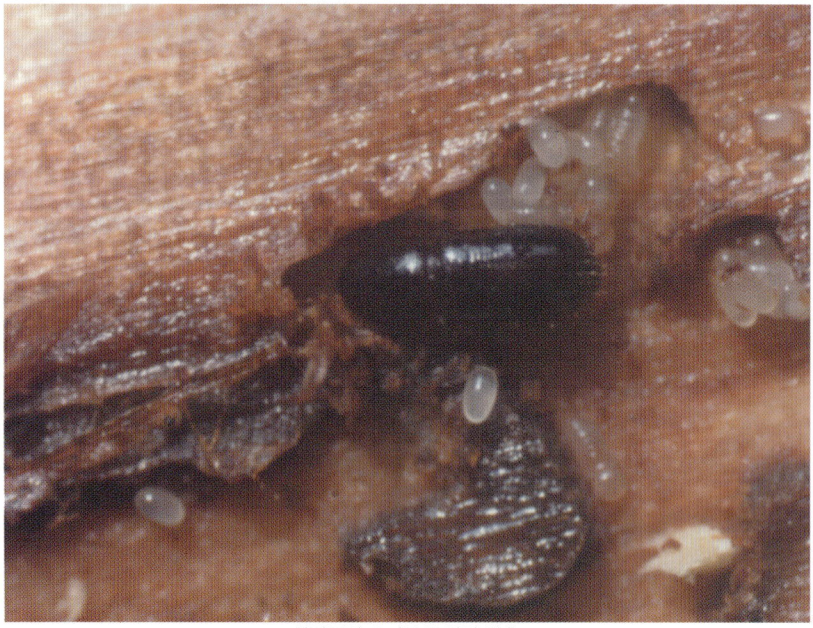
산란중인 소나무좀 암컷 성충

1) 피해증상

 수세가 쇠약한 벌목이나 고사목에 기생한다. 월동 성충이 수피를 뚫고 들어가 산란한 알에서 부화한 유충이 수피 밑을 식해하면서 갱도를 만든다. 대발생 시에는 건전한 나무도 가해하여 고사시키기도 한다. 하지만 직접적인 피해는 신성충(新成蟲) 당년에 생성된 신초 부위를 구멍을 뚫고 식해함으로 해서 신초가 구부러지거나 바람에 의해 부러지면서 고사한 채 나무에 붙어 있어 미관상 보기가 흉한데 이것을 후식(後食) 피해라고 한다.

2) 형태

 성충의 몸길이는 약 4.0㎜ 정도이며 체색은 흑색 또는 암갈색이며, 긴 타원형을 이루고 있으며 광택을 띤다. 촉각은 선단이 계란형이고 4절로 구성되어 있다. 앞가슴은 앞쪽이 좁고 등쪽에는 점각(點刻)이 있고 중아에는 매끈하고 광택이 있는 종선(縱線)이 있다. 앞날개에도 작은 점각이 있으며 끝에는 1열의 돌기와 억센털이 있다. 앞날개의 제 2열 사이에는 이것이 없다. 유충은 유백색을 띠며 몸길이는 약 3.0㎜ 정도로 원통형이며 배쪽으로 C자 모양으로 구부러져 있다. 유충의 외형적인 형태도 종 구분하기는 매우 어려우므로 일반적으로 야외에서는 식흔(食痕)의 모양으로 구분하는 경우가 많다.

3) 생태

 연 1회 발생하지만 봄과 여름 두 번 가해한다. 지제부(地際部)의 수피틈에서 월동한 성충은 3월 말~4월 초에 평균기온이 15℃정도 2~3일 계속되면 월동처에서 나와 쇠약목(衰弱木), 벌채목의 수피에 구멍을 뚫고 침입한다. 암컷 성충이 먼저 구멍을 뚫고 들어가면 수컷이 뒤 따라 들어가서 교미를 하고 교미를 끝낸 암컷은 밑에서 위로 10㎝가량의 갱도를 뚫고 갱도 양측에 약 60개의 알을 낳으며 산란기간은 12~20일이다. 부화 유충은 갱도와 직각 방향으로 내수피를 파먹어 들어가면서 유충 갱도를 형성한다. 유충기간은 약 20여일이며, 2회 탈피한다. 유충은 5월 하순 경에 갱도 끝에 타원형의 번데기 집을 만들고 목질 섬유로 둘러싼 후 그 속에서 번데기가 되며 번데기기간은 약 16~20일 이다. 신성충은 6월 초부터 수피에 원형의 구멍을 뚫고 나와 가해 수종으로 이동하여 1년생 새가지 속을 위쪽으로 가해하다가 늦가을에 가해 수종의 지제부 수피틈에서 월동한다.

4) 방제

 수세 쇠약목을 주로 가해하기 때문에 나무를 건강하게 관리하는 것이 가장 좋은 예방책이다. 수세가 쇠약한 나무는 미리 제거하여 산란처를 없애고 원목과 벌근목(伐根木)은 5월 이전에 수피를 제거하여 산란을 하지 못하도록 한다. 그리고

1~2월에 벌채된 소나무 원목을 길이 1m 정도로 짤라 2월말에 임내에 세워 소나무좀의 산란을 유인하여 5월 중에 껍질을 벗겨 유충을 없애던지 아니면 소각하여 구제한다. 약제 방제로는 3월 중순~4월 중순에 메프 유제(40%) 100배액을 10일 간격으로 수간이 흠뻑 젖도록 2~3회 살포하던지, 원액을 주사기를 이용해 소나무 줄기나 있는 침입공에 주입하여 방제하기도 하나 큰나무에는 실시하기가 어렵다.

17. 왕바구미(*Sipalinus gigas* Fabricius)
· 딱정벌레목 왕바구미과

왕바구미 성충

1) 피해증상

 수세 쇠약목, 벌채된 원목에 피해가 많으며 유충이 목질부를 파먹고 들어가 목재의 질을 저하시킨다. 외부로 톱밥 같은 것을 배출하므로 피해 식별이 쉽다.

2) 형태

 바구미 중 가장 큰 종류로서 성충의 몸길이는 주둥이를 제외하고 15~25㎜로 매우 뚱뚱하고 긴 타원형의 형태를 지니고 있다. 주둥이는 가늘고 매우 길어 몸색은 검은색으로 회갈색이 가루가 몸을 덮고 있어 날개 딱지가 마치 작은 흑색 점무늬들이 흩어져 있는 것처럼 보인다. 나이가 많은 성충은 이것이 벗겨져 몸 전체가 흑색을 띠어 마치 다른 종으로 착각하기도 한다.

3) 생태

 연 1회 발생하며 성충으로 땅속에서 겨울을 난 후 4~5월경에 출현하여 쇠약목, 원목 또는 벌근에 산란한다.

4) 방제

 발생초기인 4월에 살충제인 메프 유제(40%) 100배액을 10일 간격으로 수간이 흠뻑 젖도록 2~3회 살포하던지, 원액을 주사기를 이용해 수간의 침입공에 주입한다.

18. 노랑소나무점바구미
   (*Pissodes nitidus* Roelofs)
   · 딱정벌레목 바구미과

노랑소나무점바구미 성충

1) 피해증상

 소나무류의 쇠약목, 벌채된 원목에 피해를 주는 2차 해충으로 줄기나 가지의 형성층을 유충이 식해하여 고사시킨다. 잣나무 대묘(大苗) 조림지와 조경용으로 이식한 나무에 피해가 자주 발생한다.

2) 형태

성충의 몸길이는 주둥이를 제외하고 5~7㎜이고 몸색은 적갈색을 띠며 가슴 등에 2개의 백색 작은 무늬가 있다. 그리고 날개에도 2개의 백색 횡대(橫帶)가 있다. 알은 장경이 약 0.5㎜이고 타원형이다. 노숙유충은 몸길이가 10㎜내외이며 머리는 갈색이며 몸통은 유백색을 띤다.

3) 생태

연 1회 발생하며 성충으로 땅속에서 겨울을 난 후 4월경에 출현하여 수세가 쇠약한 나무의 줄기에 주둥이로 수피에 구멍을 뚫고 형성층에 1~2개의 알을 낳는데 수피가 얇은 곳에 주로 낳는다. 부화한 유충은 수피 밑에서 주로 불규칙하게 식해하다가 노숙유충이 되면 목질을 뜯어 타원형의 번데기 집을 만들고 그 속에서 번데기가 된다. 새로 우화한 성충은 6~7월에 수피에 직경 3㎜가량의 원형의 구멍을 뚫고 탈출하고 기주 식물로 이동한 후 신초 및 가지에 주둥이를 꽂고 즙액을 빨아 먹으며 생활하나 산란은 하지 아니한다. 산란 후 신성충이 출현하기 까지는 3~4개월 소요되며 11월경에 월동처로 들어간다.

4) 방제

 수세 쇠약목을 주로 가해하기 때문에 나무를 건강하게 관리하는 것이 가장 좋은 예방책이다. 수세가 쇠약한 나무는 미리 제거하여 산란처를 없애고 원목과 벌근목(伐根木)은 4월 이전에 수피를 제거하여 산란을 하지 못하도록 한다. 그리고 1~2월에 벌채된 소나무 원목을 길이 1m 정도로 토막 내어 2월말에 임내에 세워 산란을 유인하여 5월 중에 껍질을 벗겨 유충을 없애던지 아니면 소각하여 구제한다. 약제 방제로는 4월 중순~5월 하순에 메프 유제(40%) 100배액을 10일 간격으로 수간이 흠뻑 젖도록 2~3회 살포한다.

제6장
유용한 자료들

제6장 유용한 자료들

이 자료는 저자들과는 상관없이 한국농업정보연구원이 소나무관리에 유용하다고 판단되는 자료들을 모아놓은것입니다. 참고하시되 농약분야는 관련전문인과 꼭 상의하시고 사용하세요. 이로인해 발생되는 문제는 한국농업정연구원에서는 책임이 없음을 알려드립니다.

Ⅰ. 소나무 병해충방제 약제 (2006년 12월 기준)

1) 성보화학(주)

· www.sungbochem.co.kr
· 서울 중구 소공동 112-35(성보B/D)
· 주문전화 : 02) 753-2721~6

소나무 권장 농약명 및 사용법			
농약명	적용병해충	사용적기	물20ℓ 당 사용약량
디프수화제	솔나방	월동유충활동기(4~5월) 및 부화유충 발생기(8월하순~9월중순)	1ℓ (원액/㎡)
모노프액제	솔잎혹파리	부화유충기(6월중순)	원액0.5㎖/직경㎝

2) 바이엘크롭사이언스(주) ES사업부

- www.bayercropscince.co.kr
- 서울 강남구 역삼동 676 삼부빌딩 16층
- 주문전화 : 02) 3450-1300

소나무 권장 농약명 및 사용법			
농약명	적용병해충	사용적기	물20ℓ 당 사용약량
킬퍼액제	소나무재선충	피해목 밀폐후 원액처리	1ℓ (원액/㎥)
	솔수염하늘소(유충)	유충월동기 피해목 밀폐후 원액처리	
어드마이어 분산성액제	솔잎혹파리	성충발생기 수간주사	원액0.3㎖/흉고직경cm
	솔껍질깍지벌레	후약충 발생초기 수간주사	원액0.6㎖/흉고직경cm

3) 동부한농화학 (주)

- www.dongbuchem.com
- 서울 강남구 대치동 891-10 동부금융센터
- 주문전화: 02)3484-1500

소나무 권장 농약명 및 사용법				
농약명	적용병해충	사용적기	물20ℓ 당 사용약량	사용량
선충탄 액제	소나무재선충	성충우화기 4월부터 5월초까지 토양관주처리	400ℓ (50배)	원액1ℓ /흉고직경cm
인덱스 유제	소나무재선충	1~2월 원액 수간주사	-	원액1㎖/흉고직경cm

4) 한국삼공(주)

- www.30agro.co.kr
- 서울 용산구 한강로3가 40-883
- 주문전화 : 02-2287-2900

농약명	적용병해충	사용적기	물20ℓ당 사용약량	10a당 사용량
마스그린 액제	솔잎혹파리	성충발생기 수간주사	-	0.3㎖/흉고직경cm
	솔수염하늘소	성충우화기 수관살포	10㎖	약액이 충분히 묻도록 골고루 뿌림
로맨틱 유제	소나무재선충	1~2월 원액 수간주사	-	원액1㎖/흉고직경cm

소나무 권장 농약명 및 사용법

5) 신젠타코리아 (주)

- www.syngenta.co.kr
- 서울 종로구 공평동 100번지 제일은행본점빌딩18층
- 주문전화 :02) 3985-500

소나무 권장 농약명 및 사용법

농약명	적용병해충	사용적기	물20ℓ당 사용약량	안전사용기준	
				사용시기	횟수
에이팜 유제	소나무재선충	1~2월 원액 수간주사	원액1㎖/흉고직경cm	-	-
아타라 입상수화제	솔수염하늘소	성충우화기 수관살포	20g	-	-

6) 경 농 (주)

· www.knco.co.kr
· 서울 서초구 서초동 1337-4(동오빌딩)
· 주문전화 : 02) 3488-5800

소나무 권장 농약명 및 사용법			
농약명	적용병해충	사용적기	물20 ℓ 당 사용약량
올스타 유제	소나무재선충	1~2월 원액 수간주사	원액1㎖/흉고직경cm
다무르 액제	솔잎혹파리	부화유충기(6월중)	원액0.3㎖/흉고직경cm
	솔껍질깍지벌레	후약충기(12월~1월)	원액0.6㎖/흉고직경cm

7) 아리스타라이프싸이언스코리아(주)

· www.arystalifesciencekorea.com
· 충북 충주시 가주동 54-3
· 주문전화 : 043) 852-8095

소나무 권장 농약명 및 사용법			
농약명	적용병해충	사용적기	물20 ℓ 당 사용약량
올웨이즈	소나무재선충	1~2월 원액 수간주사	원액1㎖/흉고직경cm
스템건	소나무재선충	스템건스템건은 압축주입식으로 적은 힘으로 단시간내에 약액을 소나무내로 주입할수 있는 획기적인 시스템입니다. 올웨이즈를 소나무에 수간 주입시에 세계적으로 특허 받은 스템건을 사용할 경우 일반 수간주사기보다 더욱 향상된 우수한 효과를 보입니다.	

2. 소나무에 유용한 비료, 조경업체

1) 홍원바이오아그로

- www.hwbiovital.com
- 충남 금산군 추부면 비례리 156-3
- 주문전화 : 041) 753-7177

국내 최초로 효모액상 비료를 개발하여 토양속의 퓨사리움(섞음병)병원균을 예방하는 효모액상비료를 생산 보급함으로, 소나무 이식때 소나무의 뿌리에서 발생되는 병원균예방과 뿌리생육활착에 큰 도움이 됩니다.

제품명	사용방법
바이오비탈, 그루팍, 뿌리생	물 20ℓ당 본제 1ℓ 희석하여 소나무 심을때 관주로 사용함

2) 주)코비텍

- www.kobtech.net
- 서울 서초구 내곡동 1-853 헌인능 매장
- 주문전화 : 02) 445-6829

하자율 "0"에 도전하는 주)코비텍은 소나무 식재시 꼭필요한 신개념의 수분증발 억제제 - 월트프루프

천연 싸이토키닌,옥신,지벨레린 등을 함유한 뿌리활착제
- R00t-K
N.P.K 와 미량요소를 한번에 수세회복 엽면시비제
- Eco-npK

3) 가나안조경건설(주)
- www.cna21.com
- 서울시 서초구 양재동 215번지 하이브랜드 리빙관 1318호
- 주문전화 : 02) 2155-1667

가나안은 우수한 인력과 기술경쟁력으로 고객의 마음을 만족시킬 수 있도록 골프장 시공 및 소나무에 대한 조사와 연구를 통해 정보를 구축하고 있습니다.

보유면허	부설기관
조경공사업 조경식재공사업 조경 시설물 설치공사업 토공사업	한국소나무연구소 : 각종 소나무에 대한 생태적 특성을 연구하는 곳으로 병충해의 치료방법을 연구하고 있다.

4) 상록(주)

- www.egscottscom.com
- 부산시 사상구 삼락동 350-6
- 주문전화 : 051) 301-8655

세계최초의 친환경 온도반응조절비료(C.R.F)로 토양의 종류, 산도(pH), 염분농도, 미생물활동도, 관수시 물의 양 등에 영양을 받지 않고 독립적인 영양공급을 합니다.
소나무 삽목 및 이식용, 분재용, 조경용, 산림용

제품명	사용방법
오스모코트, 아그로블렌	소나무 수령에 맞추어 10~100g을 골고루 흩어 뿌림

3. 아름다운 소나무 수형모음

유용한 자료들 339

유용한 자료들 ••• 341

유용한 자료들 343

유용한 자료들 ●●● 345

유용한 자료들 351

352 ● ● ● 유용한 자료들

유용한 자료들

유용한 자료들 355

※ 찾아보기

가는잎솔	41	광합성	150
가시솔	37	교란	61
가지끝마름병	223	교차지	151
가지솎기	156	구과	22
가지치기	186	굴취	88
간접발아율	73	그을음잎마름병	221
갈색무늬병	215	금강송	38
갈색산림토양군	54	금강형	44
강송	38	긴방울송	42
개체육성	156	깍아다듬기	156
개화결실	190	꽃병형	125
개화시기	150	낙과	24
결속	89	낙엽성	28
경쟁지	154	난장이솔	37
곁가지	147	남복송	41
계단형	141	내병성	190
고사지	154	내한성	190
고상	82	내향지	151
곡간(굽은간)	129	냉해	96
곡간형	127	노랑소나무점바구미	320
관수	104	누런솔잎벌	228

누백송	36		바퀴살가지	151
다행송	33		반송	33
대목	191		반피송	41
대목묘	195		발아촉진	76
대목양성	195		발육	24
대목조제	196		백발송	34
도장지	147		뱀솔	35
도포제	171		범솔	35
동북형	44		병해충	201
둥근형	125		보식	115
리지나뿌리썩음병	243		복토	86
맹아력	150		부정근	26
맹아지	154		부정형	126
모아심기(군식)	134		북방수염하늘소	296
모잘록병	247		분지	154
묘목관리	90		분지량	150
묘목생산	79		뿌리발육	94
묘상	81		사간(한쪽으로 굽은간)	130
묵은잎제거	184		산림동태	59
미송	34		산파	84
밀도	150		산호송	38
바위솔	38		삼간	133

삼지형	136	솔잎혹파리	261
삿갓솔	41	송백류화석	48
상록성	27	수관	136
상토	111	수세	190
새순	161	수양뱀솔	38
세포분열	192	수양황금송	38
소나무재선충병	210	수직지	154
소나무가루깍지벌레	302	수평솔	40
소나무굴깍지벌레	305	수하근	26
소나무거품벌레	299	수형	159
소나무솜벌레	307	수형해설	128
소나무순나방	276	순따기	177
소나무왕진딧물	310	습도	97
소나무좀	313	시비	117
속생	20	시비시설	104
솎아내기	115	시설양묘	99
솎음	91	신장량	150
솔껍질깍지벌레	267	신초	173
솔나방	272	실편	22
솔박각시	82	쌍간	132
솔수염하늘소	291	쌍둥이솔	39
솔잎벌	285	쐐기모양	197

아린	25	윤상지	36
안강형	44	은송	36
암적갈색산림토양군	54	이병지	147
약소지	154	이식	88
양수	60	이차지	154
얽힘지	154	인왕솔	40
여복송	42	인위형	126
역차지	154	일가화	27
예삭형	127	일엽송	34
온도	95	입지조건	61
와룡형	139	입지환경인자	55
왕바구미	318	잎떨림병	227
용기묘	99	잎녹병	218
용솔	36	잎뽑기	181
우산형	137	자연형	126
원숭이솔	37	자웅송	41
원추형	125	잔방울솔	42
원형	143	재솔	37
월동관리	118	저상	83
위봉형	44	저장방법	75
유합제	160	저착지	154
육묘자제	107	적·황색산림토양군	54

전정	146		직간	128
전제	147		직간형	127
절고성	41		직접발아율	72
점파	85		직파	84
접목	190		집게접목	199
접목기술	191		짚덮기	87
접수	191		착화지	150
정자	146		채종림	67
정지	146		채종원	67
정형	126		처진소나무	42
제초	91		처진형	125
조기결실	190		천구소송	40
조파	85		천이	59
종린	20		촉진	190
종자	23		촛대솔	40
종자생산원	67		총간형	138
종자저장	74		총생	27
종자채취	68		추파	83
주근	26		춘파	83
주지	151		친화성	190
중부남부고지형	44		침수법	77
중부남부평지형	44		침엽	24

큰솔알락명나방	279
타원형	125
탈종	71
토피어리	147
파종	83
파종묘	195
팔방솔	37
평상	82
평행지	151
포린	20
포복형	125
푸사리움가지마름병	239
피라밋형	125
피목가지마름병	231
하향지	151
학송	37
한해	96
현애	131
형성층	198
호생	27
흑병	235
홍금송	36
활착율	194
황금송	36
황산처리	77
회갈색산림토양군	54

※ 소나무관리도감 저자소개 및 이메일

- **특성** 최명섭 (국립산림과학원 환경생태연구실 / HNARBORE@foa.go.kr)
- **양묘기술** 이수원 (산림생산기술연구소 양묘연구실 / LSW361@foa.go.kr)
- **수형만들기 · 접목** 박형순 (국립산림과학원 조경수연구실 / PARKH@foa.go.kr)
- **병해** 김경희 (국립산림과학원 수목병리연구실 / kyung624@foa.go.kr)
- **충해** 최광식 (국립산림과학원 산림해충연구실 / choiks99@foa.go.kr)

※ 그 외 집필에 도움주신분들

- 이승규, 신상철, 정영진, 최원일, 이상현 (국립산림과학원 산림병해충과)
- 최정호 (산림생산기술연구소 양묘연구실)
- 신진섭 (국립산림과학원 산림생태과)
- 이 욱 (국립산림과학원 특용수과)
- 조윤진 (국립산림과학원 조경수연구실)

소나무관리도감 정가 45,000원

출판등록 제 318-2003-00129호
2쇄 인쇄 _ 2021년 1월
편　　집　마노기획
편 집 인　김 지 연
발 행 처　한국농업정보연구원
발 행 인　서 장 원
전　　화　02) 844-7350

본 책자의 내용은 저작권법 95條에 의해 보호를 받는
저작물이므로 무단전제와 무단복제를 금합니다.

ISBN : 89-92439-00-8 96520

www.bayercropscience.co.kr

[어드마이어]와 함께
우리의 푸른 환경을 지켜갑니다.

수간주입식으로 약효가 빠르고 오래갑니다.

공기나 토양 등 외부에 오염이 없습니다.

약제처리시 작업자, 가축, 익충에 안전합니다.

안전하고 효과빠른 수간주입용 살충제 –
어드마이어

- 수간주입 방식으로 공기나 토양 등 외부에 오염이 없습니다.
- **약액이 수간 내부로만 주입되므로 작업자, 가축, 익충에 안전합니다.**
- 분무식 살포법에 비해 작업이 간편하고 시간과 노동력이 절약됩니다.
- 약액이 수액을 따라 나무 내부에 퍼지므로 약효가 탁월하고 오래갑니다.